U0167089

机器学习基础

——基于Python和scikit-learn的机器学习应用

[美]海特·萨拉赫（Hyatt Saleh） 著

邹 伟 译

中国水利水电出版社
www.waterpub.com.cn
· 北京 ·

北京市版权局著作权合同登记号　图字：01-2020-0602

内 容 提 要

随着机器学习算法的普及，开发和优化这些算法的新工具也得到了发展。本书首先介绍了scikit-learn包，学习如何使用scikit-learn语法；学习监督模型和无监督模型之间的差异，以及为每个数据集选择适当算法的重要性；学习将无监督聚类算法应用到真实的数据集中，发现其中的规律，并在探索中解决无监督机器学习问题。其次，本书重点研究监督学习算法，学习如何使用scikit-learn包实现不同的监督算法以及如何开发神经网络架构；还将了解如何采用合乎逻辑的结果分析，并通过调节超参数来改善算法的性能。

本书理论讲解与练习实例相结合，并通过大量的活动指导读者进行真实数据集的模拟训练。学完本书将知道如何描述监督模型和无监督模型之间的差异，以及如何将一些流行的算法应用于现实生活中的数据集中，将获得诸多技能并有信心编写机器学习算法。

本书面向机器学习领域的新手和希望学习如何使用scikit-learn库开发机器学习算法的开发人员。读者需要具备Python编程方面的一些知识和经验，但不需要任何关于scikit-learn或机器学习算法的先验知识。

图书在版编目（CIP）数据

机器学习基础：基于 Python 和 scikit-learn 的机器学习应用 /（美）海特·萨
拉赫（Hyatt Saleh）著；邹伟译 .—北京：中国水利水电出版社，2020.11

书名原文：Machine Learning Fundamentals

ISBN 978-7-5170-8506-5

Ⅰ . ①机… Ⅱ . ①海… ②邹… Ⅲ . ①机器学习 Ⅳ . ① TP181

中国版本图书馆 CIP 数据核字 (2020) 第 057699 号

书　　名	机器学习基础——基于 Python 和 scikit-learn 的机器学习应用 JIQI XUEXI JICHU—JIYU Python HE scikit-learn DE JIQI XUEXI YINGYONG
作　　者	（美）海特·萨拉赫（Hyatt Saleh）　著
译　　者	邹伟　译
出版发行	中国水利水电出版社 （北京市海淀区玉渊潭南路 1 号 D 座 100038） 网址：www.waterpub.com.cn E-mail：zhiboshangshu@163.com 电话：（010）62572966-2205/2266/2201（营销中心）
经　　售	北京科水图书销售中心（零售） 电话：（010）88383994、63202643、68545874 全国各地新华书店和相关出版物销售网点
排　　版	北京智博尚书文化传媒有限公司
印　　刷	北京天颖印刷有限公司
规　　格	190mm×235mm　16 开本　12.25 印张　228 千字
版　　次	2020 年 11 月第 1 版　2020 年 11 月第 1 次印刷
印　　数	0001—5000 册
定　　价	69.80 元

前　言

本部分简要介绍了作者、本书的范围、开始所需的技术技能，以及完成所有任务和练习所需的软硬件。

关于作者

作为一名企业管理者，Hyatt Saleh大学毕业后，她发现了数据分析在认知和解决现实生活中问题的重要性。从那时起，她就开始自学，她不但作为自由职业者为世界上许多机器学习领域的公司工作，而且还成立了一家旨在优化日常生活流程的人工智能公司。

关于本书

随着机器学习算法的普及，开发和优化这些算法的新工具也得到了发展。本书介绍了scikit-learn API，它是为构建机器学习应用程序而创建的软件包。学完本书后将知道如何描述监督模型和无监督模型之间的差异，以及如何将一些流行的算法应用于现实生活中的数据集中。

首先，将学习如何使用scikit-learn语法；学习监督模型和无监督模型之间的差异，以及为每个数据集选择适当算法的重要性；学习将无监督聚类算法应用到真实的数据集中，发现其中的规律，并在探索中解决无监督机器学习问题。其次，本书重点研究监督学习算法，将学习如何使用scikit-learn包实现不同的监督算法以及如何开发神经网络架构；还将了解如何采用合乎逻辑的结果分析，并通过调节超参数来改善算法的性能。学完本书，将获得诸多技能并有信心编写机器学习算法。

学习目标

● 了解数据表示的重要性。

- 深入了解监督模型和无监督模型之间的差异。
- 使用Matplotlib库浏览数据。
- 研究一些流行的算法，如k-means算法、mean-shift算法和DBSCAN算法。
- 通过不同的指标衡量模型效果。
- 研究一些流行的算法，如朴素贝叶斯算法、决策树算法和SVM算法。
- 进行误差分析，以提高模型的性能。
- 学会构建综合机器学习程序。

读者

本书面向机器学习领域的新手和希望学习如何使用scikit-learn库开发机器学习算法的开发人员。必须具备Python编程方面的一些知识和经验，但不需要任何关于scikit-learn或机器学习算法的先验知识。

学习方法

机器学习基础采用实战演练的方法将初学者引入机器学习世界。它包含了多个活动，这些活动使用真实的业务场景，让您在高度相关的上下文中实践和应用新技能。

最低硬件要求

要达到最佳的学习体验，推荐以下的硬件配置。

- 处理器：Intel Core i5 或同等产品。
- 内存：4GB RAM及以上。

软件要求

还需要提前安装以下软件。

- Sublime Text（最新版本）、Atom IDE（最新版本）或其他类似的文本编辑器软件。
- Python 3。
- Python库：NumPy、SciPy、scikit-learn、Matplotlib、Pandas、pickle、Jupyter和seaborn。

安装和设置

在开始学习本书之前，需要安装Python 3.6、pip、scikit-learn以及本书中使用的其他库。安装这些软件的步骤如下。

1. 安装Python
按照下面链接中的指示去安装Python 3.6：

https//realpython.com/installing-python/

2. 安装pip
（1）要安装pip，请转到以下链接并下载**get-pip.py**文件：

https//pip.pypa.io/en/stable/installing/。

（2）使用以下命令进行安装：

python get-pip.py

或许需要使用**python3 get-pip.py**命令，这是因为您的计算机上早期**Python**版本使用了python命令。

3. 安装库
使用**pip**命令，安装以下库：

python -m pip install --user numpy scipy matplotlib jupyter pandas seaborn

4. 安装scikit-learn
使用以下命令安装scikit-learn：

pip install -U scikit-learn

安装代码包

将代码包复制到C:/Code文件夹。

其他资源

本书的代码包同样在GitHub上托管：

https//github.com/TrainingByPackt/Machine-Learning-Fundamentals

以下网址还提供了丰富的书籍和视频目录中的其他代码包。

https://github.com/PacktPublishing/

约定

本书文本中的代码字、数据库表名、文件夹名、文件名、文件扩展名、路径名、虚拟URL、用户输入和Twitter句柄如下所示："使用scikit-learn的数据集包导入iris toy数据集并将其存储在名为iris_data的变量中"。代码如下：

```
from sklearn.datasets import load_iris
iris_data = load_iris()
```

新的术语和重要的词语会以粗体显示。您在计算机屏幕上看到的单词（例如，在菜单或对话框中）会在文本中显示如下："在数据集标题下方，找到下载部分，然后单击**数据文件夹链接**。"

读者交流群

本书提供QQ读者交流群831297018，读者间可相互学习交流，也可反馈有关本书的问题。

目　录

附 录

第 1 章

scikit-learn 简介

学习目标

在本章结束时，您将能够：

- 描述scikit-learn及其主要优点。
- 使用scikit-learn API。
- 进行数据预处理。
- 阐述监督模型和无监督模型之间的差异，理解为每个数据集选择正确的算法的重要性。

本章给出了scikit-learn语法和功能的解释，以便能够处理和可视化数据。

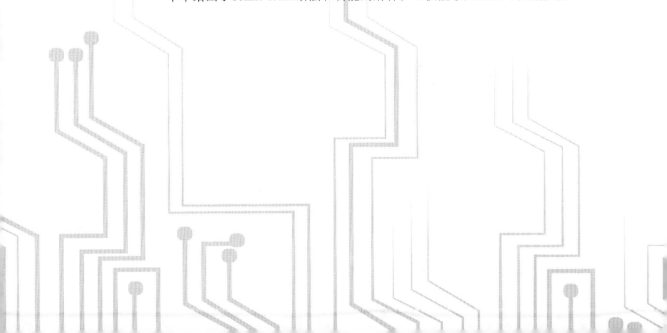

scikit-learn是一个文档丰富且易于使用的库，它使用简单的方法简化了机器学习算法的应用，最终使初学者能够在不需要深入了解算法背后的数学知识的情况下对数据进行建模。此外，由于该库的易用性，它允许用户针对一个数据问题有多个近似的解决方案（创建不同的模型）。此外，通过取消算法的编码任务，scikit-learn使团队将注意力集中在分析模型的结果上，进而得出关键结论。

Spotify是音乐流媒体领域处于世界领先水平的公司，该公司使用scikit-learn来为他们的数据问题实现多个模型，然后轻松地与其现有的开发对接。这一过程改进了到达一个有用模型的过程，同时公司可以不费太大的力气就将它们插入当前的应用程序中。

另外，booking.com网站也使用scikit-learn，因为该库提供的算法种类繁多，使其能够完成公司赖以生存的各种数据分析任务，如构建推荐引擎、检测欺诈活动和管理客户服务团队。

考虑到前面的几点，本章首先介绍scikit-learn及其主要用途和优点；其次简要介绍scikit-learn API的语法和特点。此外，还展示了数据表示、数据可视化和数据规范化的过程。上述知识将有助于理解开发机器学习模型所采取的不同步骤。

1.1　scikit-learn

scikit-learn由David Cournapeau于2007年创建，是Google Summer of Code项目的一部分，它是一个开源的Python库，旨在简化基于内置机器学习和统计算法构建模型的过程，而不需要硬编码。它被广泛使用的主要原因是它的文档完整、API易于使用。此外，还有许多每天为改进库而工作的合作者。

> **注意：**
> 可以在以下链接中找到scikit-learn的文档：http://scikit-learn.org。

scikit-learn主要用于建模数据，而不是用于操作或汇总数据。它为用户提供了一个易于使用、统一的API来应用不同的模型，但学习工作量很小，而且不需要真正了解它背后的数学知识。

> **注意：**
> 理解模型时需要了解的一些数学分支有线性代数、概率论和多元微积分。有关这

些模型的更多信息，请访问:https://towardsdatascience.com/the-mathematics-of-machine-learning-894f046c568。

scikit-learn库下的模型分为两类:监督模型和无监督模型，两者都将在后面的章节中进行深入解释。这种分类有助于确定为一个特定的数据集使用哪种模型并从中获取最有用的信息。

除了主要用于解释数据训练模型以外，scikit-learn还用于执行以下操作。

● 进行预测，将新数据输入模型以预测结果。
● 进行交叉验证和性能指标分析，以理解从模型中获得的结果，从而提高其性能。
● 获取样本数据集来测试算法。
● 进行特征提取，从图像或文本数据中提取特征。

虽然scikit-learn被认为是机器学习领域初学者首选的Python库，但世界上一些大公司也在使用，它允许他们将模型应用于已有开发来改进他们的产品或服务。同时它也支持快速对新想法进行测试。

注意:
可以访问下面的网站了解哪些公司正在使用scikit-learn以及用scikit-learn可以干什么:http://scikit-learn.org/stable/testimonials/testimonials.html。

总之，scikit-learn是一个开源Python库，它使用API将大多数机器学习模型(包括监督或无监督)应用在数据问题上。它的主要用途是数据建模，却不仅限于此，该库还允许用户根据正在训练的模型预测结果，并分析模型的性能。

1.1.1　scikit-learn 的优点

以下列出了使用scikit-learn进行机器学习的主要优点。

● 易用性:与其他库(如TensorFlow或Keras)相比，scikit-learn的特点是干净的API，学习曲线很小。API因其一致性和简单性而广受欢迎。scikit-learn的用户不一定需要理解模型背后的数学知识。
● 一致性:其一致的API使得它从一个模型切换到另一个模型变得非常容易，因为一个模型的基本语法对于其他模型也是可用的。

- 文档/教程：该库完全由文档备份，易于访问和理解。此外，它还提供渐进式学习教程，涵盖开发任何机器学习项目所需的所有主题。
- 可靠性和协作性：作为一个开源库，scikit-learn在多个合作者的维护下变得越来越好，他们每天都在工作以提高其性能。许多不同背景的专家的参与不但有助于开发更完整的库，而且还有助于开发更可靠的库。
- 覆盖性：当浏览该库的组成列表，你会发现它涵盖了大部分的机器学习任务，从监督模型，如分类和回归算法，到无监督模型，如聚类和降维。此外，由于其众多的合作者，新模型往往会在较短的时间内添加进该库。

1.1.2　scikit-learn 的缺点

以下列出了使用scikit-learn进行机器学习的主要缺点。

- 缺乏灵活性：由于易于使用，该库往往缺乏灵活性。这导致用户在参数调整或模型架构中没有太多自由选择的空间。当初学者进行越来越复杂的项目开发时，这会成为很大的问题。
- 不擅长深度学习：如上所述，在处理复杂的机器学习项目时，库的性能不足。对于深度学习尤其如此，因为scikit-learn不支持深度神经网络。

总体来说，对初学者而言，scikit-learn是一个很好的库，无须花太多精力去学习使用，并且有很多补充材料可供参考。另外，由于众多合作者的贡献，该库一直保持更新，大多数当前的数据问题都能得以解决。

然而，scikit-learn同时也是一个相当简单的库，不适合太复杂的数据问题，如深度学习。所以不推荐那些希望通过使用每个模型中可用的不同参数来将其能力提升到更高水平的用户使用该库。

1.2　数据表示

机器学习的主要目的就是通过解释数据来建立模型。所以，要以计算机可读的方式来提供数据，这是非常重要的一点。要将数据提供给scikit-learn的模型，那就必须将表示为其所需维度的表格或矩阵，这个内容将在本节中详细讨论。

1.2.1 数据表

大多数用于机器学习问题的数据表都是二维的，它们有行和列。通常，每行代表一个观察项（一个实例），而每列表示的是每个观察项的特性（特征）。

图1.1是scikit-learn的数据集的一部分实例。该数据集的目的是根据其特征区分3种类型的鸢尾花植物。因此，图1.1中的每行表示一种植物，每列表示每种植物的特征值。

	sepal_length	sepal_width	petal_length	petal_width
0	5.1	3.5	1.4	0.2
1	4.9	3.0	1.4	0.2
2	4.7	3.2	1.3	0.2
3	4.6	3.1	1.5	0.2
4	5.0	3.6	1.4	0.2
5	5.4	3.9	1.7	0.4
6	4.6	3.4	1.4	0.3
7	5.0	3.4	1.5	0.2
8	4.4	2.9	1.4	0.2
9	4.9	3.1	1.5	0.1

图 1.1 鸢尾花数据集的前 10 个数据项的表格

如上所述，图1.2显示的数据对应于萼片长度为5.1、萼片宽度为3.5、花瓣长度为1.4、花瓣宽度为0.2的植物，该植物属于setosa种。

	sepal_length	sepal_width	petal_length	petal_width	species
0	5.1	3.5	1.4	0.2	setosa

图 1.2 鸢尾花数据集的第一个实例

> **注意：**
> 当把图像输入模型中时，就会生成三维的数据表，行和列表示图像的尺寸（以像素为单位），深度则表示它的色彩。如果有兴趣的话，可以浏览更多关于卷积神经网络的内容。

1.2.2　特征矩阵和目标矩阵

对于许多数据问题而言，数据集的一个特征就是数据集上的标签，也就是说，相比于其他特征，这个特征是模型应该将数据归类到的目标特征。例如，在图1.1中可以选择物种作为目标特征，希望模型能够在其他特征的基础上找到一个方法，来确定一种植物是否属于setosa种。因此，学习如何从特征矩阵中分离出目标矩阵很重要。

特征矩阵：特征矩阵包含所有特征(除目标特征外)的每个实例的数据。它可以使用NumPy数组或Pandas DataFrame创建，其维度为[n_i,n_f]，其中n_i表示实例的总数量(如人)，n_f表示特征的数量(如年龄)。通常，特征矩阵存储在名为X的变量中。

目标矩阵：与特征矩阵不同，目标矩阵通常是一维的，因为它对所有实例都只携带一个特征，所以它的长度为n_i(总实例数)。不过，也有一些情况需要有多个目标，这时矩阵的维数就变为[n_i,n_t]，其中n_t是要考虑的目标总数。

与特征矩阵类似，目标矩阵通常也创建为NumPy数组或Pandas系列。目标矩阵的值可以是离散值或连续值。通常，目标矩阵存储在名为Y的变量中。

1.2.3　练习1：加载实例数据集并创建特征矩阵和目标矩阵

> 注意：
> 这些章节中的所有练习和活动都将在Jupyter Notebook中开发。除非另有建议，否则提倡为不同的作业保留单独的Notebook。使用seaborn库加载样本数据集，因为它可以将数据显示为表格。其他加载数据的方法将在后面的章节中介绍。

在这个练习中，将加载iris数据集，并创建特征矩阵和目标矩阵。

> 注意：
> 对于本章中的练习和活动，需要在系统中安装Python 3.6、seaborn、Jupyter、Matplotlib和Pandas库。

(1)打开Jupyter Notebook来实现这个练习。在cmd或终端中，导航到所需的路径并使用以下命令。

```
jupyter notebook
```

（2）使用seaborn库加载iris数据集。首先需要导入seaborn库，然后使用load_dataset()函数。代码如下：

```
import seaborn as sns
iris = sns.load_dataset('iris')
```

就像从前面的代码中看到的那样，在导入库之后，一般会给库一个别称，以便于它与脚本一起使用。

load_dataset()函数从在线存储库中加载数据集。数据集中的数据存储在名为iris的变量中。

（3）创建一个变量X来存储特征矩阵。使用drop()函数包含除目标特征之外的所有特征。在本例中，目标特征命名为species。然后打印出变量的前10个实例：

```
X=iris.drop ('species, axis=1)
X.hed (10)
```

> **注意：**
> 上述代码中的axis参数表示您是想从行中删除标签（axis=0）还是想从列中删除标签（axis=1）。

打印输出应如图1.3所示。

	sepal_length	sepal_width	petal_length	petal_width
0	5.1	3.5	1.4	0.2
1	4.9	3.0	1.4	0.2
2	4.7	3.2	1.3	0.2
3	4.6	3.1	1.5	0.2
4	5.0	3.6	1.4	0.2
5	5.4	3.9	1.7	0.4
6	4.6	3.4	1.4	0.3
7	5.0	3.4	1.5	0.2
8	4.4	2.9	1.4	0.2
9	4.9	3.1	1.5	0.1

图1.3　显示特征矩阵的前10个实例

（4）使用X.shape命令打印新变量的形状。

```
X.shape
(150, 4)
```

第1个值表示数据集中实例的总数量（150），第2个值表示特征的总数量（4）。

（5）创建一个存储目标值的变量Y，在这一步不需要使用函数。使用索引获取所需的列。索引可以让您访问整块数据的特定部分，在本例中是获取名为species的列。然后，打印出变量的前10个值。

```
Y = iris['species']
Y.head(10)
```

打印输出应如图1.4所示。

```
0    setosa
1    setosa
2    setosa
3    setosa
4    setosa
5    setosa
6    setosa
7    setosa
8    setosa
9    setosa
Name: species, dtype: object
```

图 1.4   显示目标矩阵的前 10 个实例

（6）使用Y.shape命令打印新变量的形状。

```
Y.shape
(150)
```

它的形状应该是一维的且长度等于实例数（150）。

恭喜您！您已经成功地创建了数据集的特征矩阵和目标矩阵。

一般来说，优先使用二维表来表示数据，其中行表示观察值也称为实例的数量，列表示这些实例的特性，通常称为特征。

对于需要目标标签的数据问题来说，需要将数据表划分为特征矩阵和目标矩阵。特征矩阵包含除目标特征之外的所有特征的值，将每个实例表示为一个二维矩阵；目标矩阵仅包含所有条目的目标特征的值，将其表示为一维矩阵。

1.2.4　活动1：选择目标特征并创建一个目标矩阵

在本次活动中，将试着加载一个数据集，选择适合作为研究目标的目标特征来创建特征矩阵和目标矩阵。看看以下场景：您在一家邮轮公司的安全部门工作，该公司希望拥有更多的低层舱室，但要确保该措施不会增加事故中的死亡人数。

该公司为您的团队提供了titanic乘客名单的数据集，以确定低层乘客生还的可能性是否更小。您的工作是选择最有助于实现这个目标的目标特征。

> **注意：**
> 在选择目标特征时，目标特征是要用来解释数据的。例如，如果想知道什么特征在决定一种植物的物种中起作用，那么物种就是目标特征。

请按照以下步骤完成此活动。

（1）使用seaborn库加载titanic数据集。数据集的前10行应该如图1.5所示。

	survived	pclass	sex	age	sibsp	parch	fare	embarked	class	who	adult_male	deck	embark_town	alive	alone
0	0	3	male	22.0	1	0	7.2500	S	Third	man	True	NaN	Southampton	no	False
1	1	1	female	38.0	1	0	71.2833	C	First	woman	False	C	Cherbourg	yes	False
2	1	3	female	26.0	0	0	7.9250	S	Third	woman	False	NaN	Southampton	yes	True
3	1	1	female	35.0	1	0	53.1000	S	First	woman	False	C	Southampton	yes	False
4	0	3	male	35.0	0	0	8.0500	S	Third	man	True	NaN	Southampton	no	True
5	0	3	male	NaN	0	0	8.4583	Q	Third	man	True	NaN	Queenstown	no	True
6	0	1	male	54.0	0	0	51.8625	S	First	man	True	E	Southampton	no	True
7	0	3	male	2.0	3	1	21.0750	S	Third	child	False	NaN	Southampton	no	False
8	1	3	female	27.0	0	2	11.1333	S	Third	woman	False	NaN	Southampton	yes	False
9	1	2	female	14.0	1	0	30.0708	C	Second	child	False	NaN	Cherbourg	yes	False

图 1.5　显示 titanic 数据集的前 10 个实例

（2）为此活动选择首选目标特征。

（3）创建特征矩阵和目标矩阵。将特征矩阵中的数据存储在变量X中，将目标矩阵中的数据存储在另一个变量Y中。

（4）打印出每个矩阵的形状，它们的值应该如下所示。

特征矩阵:(891,14)

目标矩阵:(891)

注意:

有关此活动的解决方案可以在附录中找到。

1.3　数据预处理

为了使计算机能够准确地理解数据，不但需要以标准化方式提供数据，而且还要确保数据不包含异常值或噪声数据，甚至不包含缺少的条目。因为如果不这样做，可能会导致系统做出与数据不符的假设。这样模型训练的速度就会变慢，并且由于数据解释的错误使结果不再准确。

此外,数据预处理还不止于这些。模型的工作方式不同,并且每个模型都有不同的假设。这意味着需要根据使用的模型进行预处理。例如，某些模型仅使用数值数据，而有的模型则使用名词和数值数据。

为了使数据预处理达到更好的效果，可以用不同的方法转换（预处理）数据，然后在不同的模型中测试不同的转换方法。这样就能够为正确的模型选择正确的转换。

1.3.1　混乱的数据

缺少信息或包含异常值或噪声数据就是混乱的数据。由于引入了数据误差和丢失的信息，如果不能通过执行数据预处理来转换数据，就会导致创建的数据模型不完善。在这里解释一些应该避免的数据问题。

1. 缺失值

仅一部分实例有值的特性，以及没有任何特征值的实例都被视为缺失数据。从图1.6中可以看到，垂直红色矩形表示一个特征，其中10个实例中只有3个有值，而水平矩形表示一个没有值的实例。

ID	Feature 1	Feature 2	Feature 3	Feature 4	Feature 5	Feature 6	Feature 7	Feature 8
id1		1	3	5	6	8	1	1
id2	4	5	2	6	7	2	1	3
id3	2		7	5	9	8	1	2
id4	1	2	7	5	2	1	6	3
id5	5	8	4	4	6	7		5
id6	4	5	9	1	3	4	6	4
id7	7	6			4	8		5
id8								6
id9	8	2	3	1	2	4	5	3
id10	4	5	92	6	4	9	7	7

图 1.6　显示没有任何特征值的实例的图像

一般来说,如果一个特征丢失了超过其总数值的5%～10%的值,就被认为是缺失数据,因此需要进行处理。另外,应该删除缺失所有特征值的实例,因为它们不向模型提供任何信息,反而可能会引入偏差。

处理具有高缺失率的特征时,建议删除它或用值来填充它。替换缺失值的最常用方法如下。

● 均值代入:用可用数值的均值或中值替换缺失值。

● 回归代入:用回归函数得到的预测值替换缺失值。

虽然均值代入是一个更简单的实现方式,但它也可能会引入偏差。另外,尽管回归方法将缺失值用其预测值代替,但由于引入的所有值都遵循一个函数,最终可能会过度拟合模型。

最后,当在诸如表示性别的文本特征中存在缺失值时,最好是把它们删除或标记为未分类。这主要是因为无法对文本应用均值代入或回归代入。

使用新类别(未分类)标记缺失值是因为如果删除它们就相当于删除了数据集的一个重要部分,这样操作并不合适。在这种情况下,即使新标签可能会对模型产生影响(具体取决于用于标记缺失值的基本原理),但是将它们留空是一个更糟糕的办法,因为它会导致模型自动对空白处进行假设。

注意:

要了解更多有关如何检测和处理缺失值的知识,请访问以下页面:https://towards-datascience.com /how-to-handle-missing-data-8646b18db0d4。

2. 异常值

异常值是那些远离平均值的值。如果一个属性的值遵循高斯分布，那么异常值就是位于尾部的值。

异常值可以是全局异常值或局部异常值。前者表示那些远离整组特征值的值。例如，当分析来自一个社区的所有成员的数据时，一个全局异常值是一个180岁的人［如图1.7中（A）所示］。而后者表示远离该特征的子组的值。例如，一个局部异常值是一个70岁的大学生（B），这通常与该社区的其他大学生不同。

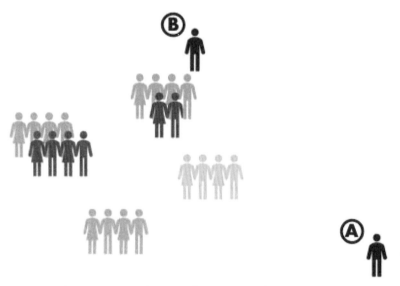

图 1.7　描述数据中全局异常值和局部异常值的图像

考虑到给出的两个例子，评估异常值时不考虑该值是否有很小的可能是正常值。虽然一个180岁的人不合理，但70岁的大学生是可能的，但两者都被归类为异常值，因为它们都会影响模型的性能。

检测异常值的直接方法是将数据可视化，以确定它是否遵循高斯分布。如果遵循，则将那些落在距离均值3 ~ 6个标准差的值分类为异常值。然而，并没有一个确切的规则来确定一个异常值，而选择标准差的数量也是主观确定的，并且会因问题而异。

例如，如果将数据集减少40%，那么将标准差的数量改为4个其实是更合适的做法。

另外，在处理文本特征时，检测异常值会变得更加棘手，因为没有标准差可供使用。

在这种情况下,计算每个值的出现频率有助于确定某个类在全文中是否是必不可少的。例如,在服装尺寸中,尺寸XXS不需要占整个数据集的5%。

一旦检测到异常值,有以下三种常用方法可以处理它们。

● 删除异常值:对于真值的异常值,最好完全删除它们来避免偏差。如果异常值的数量太大而无法进一步分析以分配新值,那么这种方法对于错误的异常值会是一个好主意。

● 定义阈值:定义上限对于真值也可能有用。例如,如果意识到高于特定阈值的所有值的行为方式都相同,则可以考虑使用阈值来代替该值。

● 分配新值:如果异常值明显是错误的,则可以使用一种针对缺失值讨论过的技术(均值代入或回归代入)分配新值。

使用上述哪种方法取决于异常值的类型和数量。大多数情况下,如果异常值的数量占数据集的一小部分,可以直接删除异常值,没有必要用其他方式处理异常值。

> **注意:**
> 噪声数据是不正确或不可能的值,包括数字(错误的异常值)和象征值(例如,一个人的性别拼错为fimale)。与异常值一样,可以通过完全删除值或为其指定新值来处理噪声数据。

1.3.2　练习2:处理混乱的数据

在本练习中,将使用titanic数据集作为实例来演实如何处理混乱的数据。

(1)打开Jupyter Notebook来实现这个练习。

(2)加载titanic数据集并将其存储在名为titanic的变量中。使用以下代码:

```
import seaborn as sns
titanic = sns.load_dataset('titanic')
```

(3)创建一个名为age的变量来存储数据集中该特征的值。打印年龄变量的前10个值。

```
age = titanic['age']
age.head(10)
```

输出显示如图1.8所示。

```
0      22.0
1      38.0
2      26.0
3      35.0
4      35.0
5       NaN
6      54.0
7       2.0
8      27.0
9      14.0
Name: age, dtype: float64
```

图 1.8　显示年龄变量的前 10 个值

正如您所看到的，该特征具有NaN（非数字）值，它代表缺失值。

（4）检查年龄变量的形状。然后，计算NaN值的数量以确定如何处理它们。使用isnull()函数查找NaN值，并使用sum()函数对它们求和。

```
age.shape
(891,)
age.isnull().sum()
177
```

（5）NaN值占变量的总大小为5.03%。虽然这不足以考虑删除整个特征值，但仍需要处理缺失值。

（6）选择均值代入法来替换缺失值。要完成这一步，需要计算可用值的平均值。使用以下代码：

```
mean = age.mean()
mean = mean.round()
mean
```

可以得出平均值为30。

> **注意：**
> 由于正在处理年龄，因此将该值四舍五入为其最接近的整数。

（7）用平均值替换所有缺失值。使用fillna()函数。要检查值是否已被替换，请再次打印前10个值。

```
age.fillna(mean,inplace=True)
age.head(10)
```

注意：

将inplace设置为True可替换NaN值所在位置的值。

打印输出如图1.9所示。

```
0     22.0
1     38.0
2     26.0
3     35.0
4     35.0
5     30.0
6     54.0
7      2.0
8     27.0
9     14.0
Name: age, dtype: float64
```

图 1.9　年龄变量的前 10 个值

正如在图1.9中看到的，索引为5的值的年龄已从NaN值更改为30，这是先前计算的平均值。对于所有177个NaN值，都会发生相同的变化。

（8）导入Matplotlib并绘制年龄变量的直方图。使用Matplotlib的hist()函数。为此，请输入以下代码。

```
import matplotlib.pyplot as plt
plt.hist(age)
plt.show()
```

直方图应该如图1.10所示，正如所看到的，它的分布类似于高斯分布。

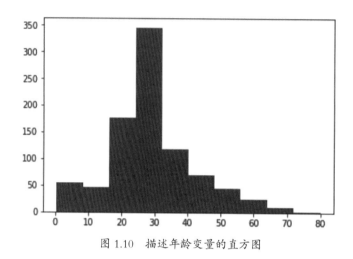

图 1.10 描述年龄变量的直方图

（9）发现数据中的异常值。使用三个标准差作为计算最小值和最大值的度量。

如前面所说，通过计算所有值的平均值再从中减去三个标准差来确定最小值。使用以下代码设置min值并将其存储在名为min_val的变量中。

```
min_val = age.mean() - (3 * age.std())
min_val
```

得出最小值约为−9.248。从最小值来看，高斯分布的左尾没有异常值。这是合理的情况，因为分布略微向左倾斜。

与最小值相反，对于最大值，将标准差添加到平均值以计算更高的阈值。计算最大值的代码如下所示，将其存储在名为max_val的变量中。

```
max_val = age.mean() + (3 * age.std())
max_val
```

最大值约为68.766，确定年龄在68.766岁以上的实例代表异常值。正如在图1.10中所看到的，这个值也是有意义的，因为在这个阈值以上几乎没有实例，而且它们实际上离高斯分布的钟形区域很远。

（10）计算超过最大值的实例数，然后决定如何处理它们。

首先，使用索引调用年龄超过最大值的值，并将它们存储在名为outliers的变量中。然后，使用count()函数计算异常值的数量。

```
outliers = age[age > max_val]
outliers.count()
```

输出显示存在7个异常值，如图1.11所示。通过输入outliers打印出异常值，并检查是否存储了正确的值。

```
96      71.0
116     70.5
493     71.0
630     80.0
672     70.0
745     70.0
851     74.0
Name: age, dtype: float64
```

图 1.11　描述异常值的图

由于异常值的数量很少，并且它们是真实的异常值，因此可以删除它们。

> **注意：**
>
> 在本练习中，将从age变量中删除一些实例，以了解处理异常值的完整过程。稍后，将考虑所有特征来进行异常值的删除，以便删除整个实例，而不仅仅是年龄值。

（11）通过使用索引来重新定义存储在age中的值，仅包括低于最大阈值的值。然后，打印年龄的数据规模。

```
age = age[age <= max_val]
age.shape
(884,)
```

正如所看到的，年龄的形状减少了7，这正是异常值的数量。

恭喜您！您已经成功地处理了Pandas系列数据。此过程可作为稍后清理整个数据集的指南。

总而言之，我们讨论了数据预处理的重要性，因为如果不这样做可能会在模型中引入偏差，这会影响模型的训练时间和性能。混乱的数据的主要形式是缺失值、异常值和噪声数据。

顾名思义，缺失值是那些留空或为空值的值。处理缺失值时，一个重要的方法是删除异常值或分配新值。还讨论了两种分配新值的方法：均值代入和回归代入。

异常值是远离特征平均值的值。检测异常值的一种方法是选择超出平均值减去/加上3个标准差之外的值。异常值可能是错误值（不可能的值）或真值（正确的值），应该以不同方式处理它们。虽然可以删除或填充真正的异常值，但在可能的情况下应将错误的异常值替换为其他值。

最后，噪声数据对应的值是这样的，它接近平均值、错误值或输入值，可以是数字类型、序列类型或象征类型。

> **注意：**
> 请记住，数字数据总是由可以测量的数字表示，象征数据是指不遵循排序的文本数据，而序列数据是指遵循排名或顺序的文本数据。

1.3.3 处理分类特征

分类特征是包含属于有限类别的离散值的特征。分类数据可以是象征数据或序列数据。象征类别是指不遵循特定顺序的类别，如音乐类型或城市名称；而序列类别是指具有顺序的类别，如服装尺寸或教育水平。

下面简单介绍一下特征工程。

尽管许多机器学习算法的改进使得一些算法能够理解文本等分类数据类型，但是将它们转换成数值会更方便模型的训练，从而提高模型的运行速度和性能。这主要是因为消除了每个类别中的语义，正如前面解释的那样，将数据集转换为数字值可以让我们平等地缩放数据集的所有特征。

那么它是如何工作的呢？特征工程生成标签编码，为每个类别分配一个数值，这个值将取代在数据集中的类别。例如，一个名为Genre的变量，其类包含Pop、Rock和Country，可以按如图1.12所示的方式进行转换。

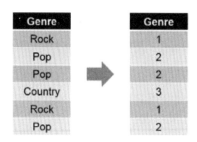

图 1.12　特征工程的工作过程

1.3.4　练习3：在文本数据上应用特征工程

　　在这个练习中将titanic数据集的embark_town特征中的文本数据转换成数字数据。操作步骤如下。

　　(1)使用为练习2创建的Jupyter Notebook。

　　(2)导入scikit-learn的LabelEncoder类和Pandas库。使用以下代码：

```
from sklearn.preprocessing import LabelEncoder
import pandas as pd
```

　　(3)创建一个名为em_town的变量，导入titanic数据集并存储该特征的信息。打印新变量的前10个值：

```
em_town = titanic ['embark_town']
em_town.head(10)
```

　　输出显示如图1.13所示。

```
0       Southampton
1         Cherbourg
2       Southampton
3       Southampton
4       Southampton
5        Queenstown
6       Southampton
7       Southampton
8       Southampton
9         Cherbourg
Name: embark_town, dtype: object
```

图 1.13　em_town 变量的前 10 个值

　　如您所见，这些变量中包含文本数据。

　　(4)将文本数据转换为数值。使用先前导入的LabelEncoder类：

```
enc = LabelEncoder()
new_label = pd.Series(enc.fit_transform(em_town.astype('str')))
```

首先，通过输入第一行代码来初始化类。其次，创建一个名为new_label的新变量，并使用类中的内置方法fit_transform()为每个类别分配一个数值并输出结果。使用pd.Series()函数将标签编码器的输出转换为Pandas系列。打印出新变量的前10个值：

```
new_label.head(10)
```

输出显示如图1.14所示。

```
0    2
1    0
2    0
3    2
4    2
5    1
6    2
7    2
8    2
9    0
dtype: int64
```

图 1.14 描述 new_label 变量的前 10 个值

如您所见，变量的文本数据已转换为数值。

恭喜您！您已经成功地将文本数据转换为数值。虽然机器学习的改进使得某些算法更容易处理文本功能，但最好的方法是将它们转换为数值，这一点非常重要。因为它消除了处理语义的复杂性，而且它提供了从模型到模型变换的灵活性，没有任何的限制。

文本数据转换通过特征工程完成，方法是为每个文本类别分配一个替换它的数值。即使这可以手动完成，但是算法有强大的内置类和方法来完成此过程。其中一个方法是使用scikit-learn的LabelEncoder类。

1.3.5 重新缩放数据

为什么缩放数据很重要？因为即使数据被输入对每个特征使用不同比例的模型中，但是缺乏同质性会导致算法失去从数据中发现模式的能力，由于它必须对数据进行理解，因此减缓了训练过程，并对模型的性能产生了负面影响。

数据重新缩放有助于模型运行得更快，并且没有任何负担地学习数据集中存在的不变的特征。此外，通过等比例数据训练的模型会为所有参数分配相同的权重，这会将算法推

20

广到所有特征而不仅仅是那些虽然具有更高值，但是却不管它们的含义如何的特征。

一个具有不同比例的数据集的实例是包含不同特征的数据集，其中一个以千克为单位测量重量，一个用于测量温度，还有一个用于计算儿童的数量。即使每个属性的值都是真的，但是它们中的每个属性的比例不同。例如，虽然以千克为单位的值可以高于100，但孩子们的计数值或许不会超过10。

重新缩放数据的两种最流行的方法是数据归一化和数据标准化。由于所有数据集的表现都不同，因此没有一个确定的规则来转换数据从而进行扩展。最佳方法是使用两种或三种重新缩放的方法转换数据，并在每种方法中测试算法，最终根据性能选择最适合数据的算法。

重新缩放方法应单独使用。在测试不同的重新缩放方法时，每一次数据转换都应该使用原始数据独立完成。可以在模型上测试每个变换，并且应该选择最适合的变换用于进一步的操作。

1. 归一化

在机器学习中数据归一化是指重新缩放所有特征的值，使得它们位于0和1之间，并且具有一个最大长度。这样做的目的是将不同比例的属性等同起来。

如图1.15所示的等式可以将特征的值归一化。

$$z_i = \frac{x_i - \min(x)}{\max(x) - \min(x)}$$

图 1.15　归一化方程

图1.15中，z_i对应第i个标准化值；x表示所有值。

2. 标准化

这是一种重新缩放技术，可将数据转换为高斯分布，其均值等于0且标准差等于1。标准化特征的一种简单方法如图1.16所示。

$$z_i = \frac{x_i - \mathrm{mean}(x)}{\mathrm{std}(x)}$$

图 1.16　标准化方程

图1.16中，z_i对应第i个标准化值；x表示所有值。

1.3.6　练习4：归一化和标准化数据

本小节以titanic数据集为例介绍数据的归一化和标准化。使用为练习3创建的Jupyter Notebook。

（1）使用在第一个练习中创建的年龄变量，利用前面的公式对数据进行归一化，并将其存储在名为age_normalized的新变量中。打印出前10个值：

```
age_normalized = (age - age.min())/(age.max()-age.min())
age_normalized.head(10)
```

输出显示如图1.17所示。

正如在图1.17中所看到的，所有值都已转换为0 ~ 1的等效值。通过对所有特征执行归一化，模型将在相同比例的特征上进行训练。

```
0    0.329064
1    0.573041
2    0.390058
3    0.527295
4    0.527295
5    0.451052
6    0.817017
7    0.024093
8    0.405306
9    0.207075
Name: age, dtype: float64
```

图 1.17　age_normalized 变量的前 10 个值

（2）同样地，使用age变量用标准化公式标准化数据，并将其存储在名为age_standardized的变量中。打印出前10个值：

```
age_standardized = (age - age.mean())/age.std()
age_standardized.head(10)
```

输出显示如图1.18所示。

```
0   -0.594548
1    0.687225
2   -0.274105
3    0.446892
4    0.446892
5    0.046338
6    1.968998
7   -2.196765
8   -0.193994
9   -1.235435
Name: age, dtype: float64
```

图 1.18　age_standardized 变量的前 10 个值

与归一化不同，在标准化中，值通常分布在 0 附近。

（3）打印 age_standardized 变量的均值和标准差，确认其均值为 0，标准差为 1。

```
print("Mean: " + str(age_standardized.mean()))
print("Standard Deviation: " + str(age_standardized.std()))
mean:9.645376503530772e-17
standard deviation:1.0
```

正如您所看到的，均值近似为 0，标准差等于 1，这意味着数据的标准化是成功的。

恭喜您！您已经成功地将重新缩放方法应用于数据中。

总之，我们已经介绍了数据预处理的最后一步，其中包括重新缩放数据方法。该方法在具有不同比例特征的数据集中完成，目的是使数据的表达方式均匀化，以便于通过模型理解数据。

如果未重新缩放数据，那么可能会导致模型以较慢的速度进行训练，并可能对模型的性能产生负面影响。

本小节解释了两种数据重新缩放的方法：归一化和标准化。归一化将数据长度转换为 1（从 0 到 1）。而标准化将数据转换为高斯分布，均值为 0，标准差为 1。

由于没有通用的重新缩放数据的规则，推荐的做法是使用两种或三种独立的重新缩放方法转换数据，然后在每次转换时通过训练模型来评估出表现最佳的方法。

1.3.7　活动 2：预处理整个数据集

您继续为邮轮公司的安全部门工作。由于您在研究目标特征方面做了大量工作，因此公司决定委托您对数据集进行预处理。您需要使用之前学到的所有技术来预处理数据集，从而为模型训练做好准备。以下步骤可帮助您的工作。

（1）载入数据集，输入以下代码创建特征矩阵和目标矩阵。

```
import seaborn as sns
titanic = sns.load_dataset('titanic')
X = titanic[['sex','age','fare','class','embark_town','alone']]
Y = titanic['survived']
```

注意：

对于此活动，我们仅使用6个特征创建特征矩阵，因为其他一些特征对于研究而言是多余的。例如，本次活动没有必要同时保留sex和gender特征。

（2）检查特征矩阵(X)的所有特征中的缺失值和异常值。选择一种方法来处理它们。

注意：

以下函数可能会派上用场。

notnull()：检测所有的非缺失值。例如，X[X "age".notnull()]将检索X中的所有行，除了那些在age列以下的缺失值。

value.counts()：计算数组中唯一值的出现次数。例如，X["gender"].value_counts()将计算male和female类别的出现次数。

（3）将所有文本特征转换为数字表示形式。

注意：

使用scikit-learn中的LabelEncoder类。在调用任何方法之前，不要忘记初始化类。

（4）通过归一化或标准化重新缩放数据。

注意：

有关此活动的解决方案可以在附录中找到。

结果可能会根据所做的选择而有所不同。但是，必须保留一个没有缺失值、异常值或文本特征的数据集用来重新缩放数据。

1.4 scikit-learn API

scikit-learn API的目的是提供一种有效和统一的语法，使非机器学习领域的专业人士能够使用机器学习方法，从而促进和推广机器学习在多个行业中的使用。

scikit-learn API是如何工作的？

尽管它有许多协作者，但是scikit-learn API通过一组防止框架代码扩散的方法进行了更新，其中不同的代码可以执行类似的功能。同时，它具有简单性和一致性。因此，scikit-learn API在所有模型中都是一致的，只要学习了它的一些主要功能，就可以广泛地使用它。

scikit-learn API分为三个互补的接口，它们共享一个相同的语法和逻辑：估算器、预测器和转换器。估算器接口用于创建模型并将数据拟合到其中；预测器用于根据之前训练过的模型进行预测；转换器用于转换数据。

1. 估算器

估算器被认为是整个API的核心，因为它是负责将模型拟合到输入数据的接口。它的工作原理是首先初始化要使用的模型；其次应用fit()方法触发学习过程；最后基于数据构建一个模型。

fit()方法以两个独立的变量，即特征矩阵和目标矩阵（通常称为X_train和Y_train）接收训练数据作为参数。对于无监督模型，该方法只接收第一个参数（X_train）。该方法还创建了对输入数据进行训练的模型，该模型可以在以后用于预测。

除了训练数据之外，一些模型还采用其他参数，这些参数也称为超参数。这些超参数最初设置为其默认值，但可以进行调整从而提高模型的性能，这些内容将在后面的章节中讨论。

以下是一个正在训练的模型的实例。

```
from sklearn.naive_bayes import GaussianNB
model = GaussianNB()
model.fit(X_train, Y_train)
```

首先，需要从scikit-learn中导入要使用的算法类型。例如，用于分类的高斯朴素贝叶斯算法。仅仅导入使用的算法而不是导入整个库是一个编程的好习惯，因为这可以确保您的代码运行得更快。

> **注意:**
> 要了解导入其他模型的语法，请使用scikit-learn的文档。可以找到以下链接，单击想要导入的算法，将在那里找到相关内容:http://scikit-learn.org/stable/user_guide.html。

第2行代码进行模型的初始化并将其存储在一个变量中。最后，该模型对输入数据进行了拟合。

除此之外，估算器还可以完成其他补充任务，具体如下。

● 特征提取：将输入数据转换为可用于机器学习的数字特征。
● 特征选择：选择数据中最有助于模型预测输出的特征。
● 维度降低：采用更高维度的数据并将其转换为更低的维度。

2. 预测器

如前所述，预测器采用估算器创建的模型并对其进行扩展，从而对未见数据执行预测。一般而言，对于监督模型来说，它向模型提供一组新数据，通常称为X_test，通过在模型训练期间学习到的参数获得相应的目标或标签。

此外，一些无监督模型也可以从预测器中受益。虽然此方法不输出特定目标值，但将新的实例分配给群集可能对模型是很有用的。

按照前面的实例，可以通过以下代码实现预测器。

```
Y_pred = model.predict(X_test)
```

我们将predict()方法应用于先前训练的模型，并将新数据作为参数输入方法中。

除了实现预测之外，预测器也可以实现对预测的置信度进行量化的方法，也叫模型的性能。这些置信度函数因模型而异，但它们的主要目标是确定预测数据与真实数据的距离。这是通过将X_test与其对应的Y_test进行比较，并将其与使用相同X_test的预测进行比较来完成的。

3. 转换器

正如之前看到的，数据通常在被送入模型之前进行转换。考虑到这一点，API包含了一个transform()方法，允许您执行一些预处理技术。

它既可以作为转换模型输入数据（X_train）的起点，也可以进一步修改，将输入模型中的数据进行预测。后一种应用对于获得准确的结果来说至关重要，因为它确保新数据和用于训练模型的数据可以遵循相同的分布。

以下是一个将训练数据归一化的转换器的实例。

```
from sklearn.preprocessing import StandardScaler
scaler = StandardScaler()
scaler.fit(X_train)
X_train = scaler.transform(X_train)
```

如您所见，在导入和初始化转换器之后，需要与数据匹配才能有效地进行转换。

```
X_test = scaler.transform(X_test)
```

转换器的优点是，一旦将其应用于训练数据集，它就会存储用于转换训练数据的值。这可以用于将测试数据集转换为相同的分布。

总之，我们讨论了使用scikit-learn的主要好处之一，即它的API。这个API遵循相同的结构，使非机器学习领域的专家也可以轻松应用机器学习算法。

要在scikit-learn上建模算法，第1步是初始化模型类并使用估算器将其拟合到输入数据，估算器通常通过调用类的fit()方法来完成。最后，一旦训练了模型，就可以通过调用类的predict()方法使用预测器来预测新值。

此外，scikit-learn还提供了一个转换器接口，允许您根据需要转换数据。这对于训练数据执行预处理方法非常有用，训练数据还可以用于转换测试数据来让它们遵循相同的分布。

1.5　监督学习和无监督学习

机器学习分为两大类：监督学习和无监督学习。

1.5.1 监督学习

监督学习包括理解给定特征集与目标值(也称为标签或类)之间的关系。例如,它可用于模拟个人人口统计信息与其支付贷款能力之间的关系,如图1.19所示。

Age	Sex	Education level	Income level	Marital status	Previous loan paid
30	Female	College	$97.000	Single	Yes
53	Male	High school	$80.000	Signle	No
26	Male	Masters	$157.000	Married	Yes
35	Female	None	$55.000	Married	No
44	Female	Undergrad	$122.000	Single	Yes

图 1.19　个人人口统计信息与其支付贷款能力之间的关系

然后可以通过训练预测这些关系的模型来预测新数据的标签类。正如从前面的例子中看到的那样,构建这种模型的银行可以从贷款申请人那里输入数据,以确定他们是否可能偿还贷款。

这些模型可以进一步分为分类任务和回归任务,其解释如下。

一方面,分类任务用于从具有离散类别作为标签的数据中构建模型。例如,分类任务可用于预测一个人是否会支付贷款。您可以拥有两个以上的离散类别,例如预测比赛中马匹的排名,但它们必须是有限数字。

大多数分类任务将预测输出为某个实例属于每个输出标签的概率。结果指定的标签是概率最高的标签,如图1.20所示。

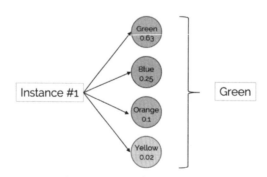

图 1.20　分类任务工作的图示

一些常见的分类算法如下。

- **决策树**：该算法遵循树状结构，模拟先前决策给出的决策过程。
- **朴素贝叶斯分类器**：该算法依赖于一组基于贝叶斯定理的概率方程，该方程假设特征之间具有独立性。它可以同时考虑几个属性。
- **人工神经网络（ANN）**：它复制了生物神经网络的结构和性能，以执行模式识别任务。ANN由相互连接的神经元组成，以一组结构布局，将信息传递给彼此，直到输出结果。

另一方面，回归任务用于以连续数量作为标签的数据。例如，回归任务可用于预测房价。这意味着该值由确定的数量表示，而不是由一组可能的输出表示。输出标签可以是整数型的，也可以是浮点型的。

- 回归任务最流行的算法是线性回归。它只有一个独立的特征（x），与它的依赖特征（y）是线性关系。由于其简单性，它的输出过程经常会被监督，尽管它在处理简单的数据问题时表现很好。
- 其他更复杂的回归算法包括回归树和支持向量机，以及人工神经网络。

总之，对于监督学习问题，每个实例都有正确的答案，也称为标签或类。此类别下的算法旨在了解数据，然后预测给定特征集的类。根据类的类型（连续或离散），监督算法可以分为分类任务或回归任务。

1.5.2 无监督学习

无监督学习是指对数据建模，而且与输出标签（也称为无标记数据）无任何关系。这意味着这个类别下的算法可以通过搜索来理解数据并在其中找到数据模式。例如，可以使用无监督学习来理解属于某个社区的人的概况，如图1.21所示。

当在这些算法上使用预测器时，它不会给出目标标签作为输出。该预测仅适用于某些模型，包括将新实例放置在已创建的数据子组中。

无监督学习进一步分为不同的任务，但最受欢迎的是聚类。下面将对此进行讨论。

聚类任务包括创建数据组（集群），并遵守其他组的实例与组内实例明显不同的条件。任何聚类算法的输出都是一个标签，该输出将实例分配给标签的集群，如图1.22所示。

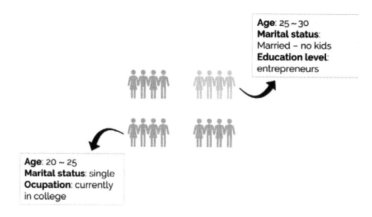

图 1.21　如何使用无监督算法来理解人员的概况

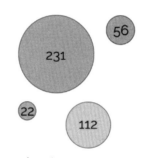

图 1.22　表示多个大小的集群的图表

　　图 1.22 显示了一组集群，每个集群具有不同的大小，每个集群的大小代表其中实例数。考虑到这一点，即使集群不需要具有相同数量的实例，也可以设置每个集群的最小实例数，从而避免将数据过度拟合成特定数据的微小集群。

　　一些流行的聚类算法如下。

● k-means：通过最小化两点之间的平方距离之和将实例分成 n 个相等方差的簇。
● 均值漂移聚类：使用质心创建集群。每个实例都成为质心，以作为集群中点的平均值的候选对象。
● 基于密度的带噪声应用空间聚类（DBSCAN）：将集群确定为具有高密度点的区域，由低密度区域分隔。

　　总之，无监督算法被设计为在没有标签或类别来指示每组特征的正确答案时理解数据。最常见的无监督算法类型是聚类算法，它允许用户将群体分类到不同的组中。

1.6 小结

机器学习可以用来构造模型，其中一些模型是基于复杂的数学概念来理解数据的。scikit-learn是一个开放源码的Python库，旨在简化将这些模型应用于数据的过程，而且不需要太多复杂的数学知识。

本章首先介绍了开发数据问题的一个重要步骤，即以表格方式表示数据。其次，介绍了创建特征矩阵和目标矩阵、数据预处理，以及选择一种算法的步骤。最后，在选择最适合数据问题的算法类型之后，模型的构建可以通过使用scikit-learn API开始，该API具有三个接口：估算器、预测器和转换器。由于API的一致性，将方法用于一种算法就足以使其用于其他算法。

第2章中将重点介绍把无监督算法应用到现实生活中的数据集。

第 2 章

无监督学习：Real-Life 应用

学习目标

在本章结束时，您将能够：

- 描述聚类的工作原理。
- 使用Pandas和Matplotlib导入与预处理数据集。
- 阐述三种聚类算法之间的区别。
- 使用不同的算法来解决无监督学习的数据问题。
- 比较不同算法的结果并且选择一种性能最佳的算法。

本章描述了对真实数据集的无监督算法的实际实现。

在第1章中，展示了如何以表格格式表示数据、创建特征矩阵和目标矩阵、数据预处理，以及选择最适合的算法。同时，我们也了解到了scikit-learn API的工作原理以及它易操作的原因。

本章的主要目的是解决一个真实的案例研究，其中将实施三种不同的无监督学习解决方案。这些不同的方案用于演示scikit-learn API的一致性，以及阐述解决这个问题所采取的步骤。在本章的最后，您将能够使用无监督学习来理解数据以做出明智的决定。

2.1 聚类

聚类是一种无监督的机器学习技术，其目标是根据未标记的输入数据中的模式得出结论。该技术主要用于在大数据结构中找到一种模式以便做出决策。

例如，从一个城市大量餐馆的列表中，根据食物类型、客户数量和经验类型将市场划分为不同的分组，为每个集群提供一种适合其特定需求的服务，这将非常有用。

此外，聚类算法将数据点划分为n个簇，使得同一簇中的数据点具有相似的特征，而它们与其他簇中的数据点却大不相同。

2.1.1 聚类类型

聚类算法可以使用硬或软的方法对数据点进行分类。前者将数据点完全指定给一个簇，而后一种方法则是为每个数据点计算属于每个簇的概率。

例如，对于包含客户过去订单的数据集，这些订单被划分为8个子组（簇），当每个客户被放置在8个集群中的一个集群中时，就会发生硬聚类。另外，软聚类为每个客户分配属于8个集群中每个集群的概率。

考虑到基于数据点之间的相似性来创建聚类，可以根据用于测量相似性的规则集将聚类算法进一步划分为若干组。最常见的4个规则解释如下。

● **基于连接的模型**：该模型的相似性方法是基于数据空间中的邻近性。集群的创建可以通过将所有数据点分配给单个集群来完成，然后随着数据点之间的距离的增加，将数据划分为更小的集群。同样，该算法还可以首先为每个数据点分配一个单独的集群，然后聚合附近的数据点。基于连接的模型的一个例子是分层聚类。

● **基于密度的模型**：顾名思义，这些模型通过数据空间中的密度来定义聚类。这意味着具有高密度数据点的区域将成为集群，通常是通过低密度区域彼此分离。基于密度的模型的一个例子是DBSCAN算法。

- **基于分布的模型**：属于此类别的模型是基于来自集群的所有数据点遵循相同分布的概率，如高斯分布。基于分布的模型的一个例子是期望最大化算法。
- **基于质心的模型**：这些模型是基于为每个集群定义质心的算法，这些算法通过迭代过程不断更新。数据点被分配给集群（簇），其中它们与质心的接近度会被最小化。基于质心的种模型的一个例子是k-means算法。

总之，数据点基于它们彼此的相似性被分配给簇，并且认为它们与其他簇中的数据点差别很大。这种对簇的分类可以是绝对的，也可以通过确定属于每个簇的每个数据点的概率来进行分类。

此外，并没有固定的规则来确定数据点之间的相似性，这就是不同的聚类算法使用不同规则的原因。最常见的规则集是基于连接的、基于密度的、基于分布的和基于质心的。

2.1.2 聚类的应用

与所有机器学习算法一样，聚类在不同领域有许多应用。下面是其中的一些应用。

- **搜索引擎结果**：聚类可用于生成搜索引擎结果，其中包含与用户搜索的关键字相似的关键字，并根据搜索结果排序从而使之具有更大的相似性。以Google为例，它不仅用于检索结果，还用于提示用户可能要搜索的关键字。
- **推荐计划**：聚类可以用于将推荐程序聚在一起。例如，对于具有相似特征的人，它会根据集群的每个成员购买的产品提出建议。以Amazon为例，它根据用户的购买历史记录和类似用户的购买情况推荐更多的商品
- **图像识别**：聚类被用来将相似的图像组合在一起。例如，Facebook使用聚类来实现显示图片中的人。
- **市场细分**：聚类也可用于市场细分，将潜在客户或客户列表划分为子组，以便提供定制的体验或产品。例如，Adobe使用聚类分析来对客户进行细分，通过识别那些更愿意去消费的客户以不同的方式对他们进行定位。

前面的实例表明，聚类算法可用于解决不同行业中的不同数据问题，主要目的是了解大量历史数据，在某些情况下，这些数据可用于对新实例进行分类。

2.2　探索数据集：批发客户数据集

作为学习聚类算法行为和应用过程的一部分，本节将重点介绍使用批发客户数据集解决实际数据问题，该数据集可在UC Irvine机器学习库中找到。

> **注意：**
> 批发客户数据集可供下载，并用于这次课题的研究。下载过程将在下面的小节中给出解释。此外，可以访问以下链接了解详细的步骤：http://archive.ics.uci.edu/ml/datasets/Wholesale+customers。

存储库中的数据集可能包含原始的、部分预处理的和预处理的数据。在使用这些数据集中的任何一个数据前，请确保您已阅读可用数据的规则，以了解一个有效的数据建模时需要遵循的流程。

下面说明为数据问题设置行动手册所要遵循的步骤。将对每个步骤进行一般性说明，然后对其在当前案例研究中的应用（批量用户数据集）进行说明。

（1）考虑到数据集是从在线数据库获得的，了解作者呈现数据的方式至关重要。当前数据集由来自批发分销商客户的历史数据片段组成。它包含总共440个实例（每行）和8个功能特征（每列）。

（2）确定研究的目的很重要，这取决于可用的数据。尽管这似乎是一个多余的陈述，但许多数据问题都成了问题，因为研究人员对研究的目的没有明确的认知，所以错误地选择了预处理方法、模型和性能指标。在批量客户数据集上使用聚类算法的目的是了解每个客户的行为，方便在一个集群中对具有类似行为的客户进行分组。客户的行为将根据他们在每类产品上花费的金额，以及他们购买产品的渠道和地区来定义。

（3）探索所有可用的功能。这主要是出于两个原因。首先，排除基于研究的目的被认为具有低相关性的特征；其次，理解值的呈现方式，以确定可能需要的一些预处理技术。

目前的案例研究有8个特征，均被认为与研究目的相关。具体说明如图2.1所示。

在图2.1中，不需要排除任何特征，并且数据集的作者已经处理了名义特征。

总而言之，首先要了解第一眼就能看到的特征，包括识别可用的信息；其次，确定项目的目的；最后，修改特征参数以选择那些将是研究的一部分。在此之后，数据可视化用于继续分析数据，然后对数据进行预处理。

变 量	意 义	类 型	相关性
FRESH	在新鲜产品上的年度开支①	Continuous	
MILK	在乳制品上的年度开支①	Continuous	
GROCERY	在杂货产品上的年度开支①	Continuous	这些特征有助于基于支出识别一起销售的类别组合
FROZEN	在冷冻产品上的年度开支①	Continuous	
DETERGENTS_PAPER	在洗涤剂和纸上的年度开支①	Continuous	
DELICATESSEN	现成的产品	Continuous	
CHANNEL	客户的销售渠道	Nominal②	这两个特征都有助于根据区域和销售渠道的购买习惯来定义用户
REGION	客户的区域	Nominal②	

① 年度开支以货币单位计算。
② 数据集的作者将名义特征转换为其数字表示。

图 2.1 解释案例研究中每个特征的表格

2.3 数据可视化

一旦对数据进行了一般性修改，以确保可以将其用于所需的目的，就可以加载数据集并使用数据可视化来进一步理解它了。数据可视化不是开发机器学习项目的必要条件，尤其是在处理具有数百个或数千个功能的数据集时，但是，它已经成为机器学习不可或缺的一部分。数据可视化主要用于以下几个方面。

● 查找导致问题的特定特征（例如，包含许多缺失值或异常值的特征）并了解如何处理它们。
● 模型的结果，如创建的集群或每个标记类别的预测实例数。
● 模型的性能，以便看到不同迭代的性能。

数据可视化在前面详细描述的任务中的受欢迎程度可以通过以下事实来解释：当以图表或图形的形式呈现信息时，人脑是很容易处理信息的，这使我们能够对数据有一个大致的了解；同时，它也有助于识别需要注意的区域，如异常值。

2.3.1　使用 Pandas 加载数据集

存储数据集以便轻松管理数据集的一种方法是使用Pandas DataFrame。其用作具有标记轴的二维可变矩阵，可以很方便地使用不同的Pandas函数来修改数据集以进行数据的预处理。

在线存储库中找到的或公司收集的用于数据分析的大多数数据集都保存在CSV（Comma-separated Values）文件中。CSV文件是以表格形式显示数据的文本文件。列以逗号（,）分隔，行在独立的行上。

使用Pandas函数read_csv()加载存储在CSV文件中的数据集并将其放入DataFrame是非常容易的。它以接收文件路径作为输入，如图2.2所示。

```
In [1]:  import pandas as pd

         file_path = "datasets/test.csv"
         data = pd.read_csv(file_path)

         print(type(data))

<class 'pandas.core.frame.DataFrame'>
```

图 2.2　read.csv() 函数输出截图

如图2.2所示，名为data的变量属于Pandas DataFrame。

> **注意：**
> 当数据集以不同形式的文件存储时，如在Excel或SQL数据库中，分别使用Pandas函数read_xlsx()或read_sql()。

2.3.2　可视化工具

现在有不同的开源可视化库，而seaborn和Matplotlib从中脱颖而出。在第1章中，seaborn用于加载和显示数据。但是，从本小节开始，Matplotlib将用作可视化库。这主要是因为seaborn是建立在Matplotlib之上，其唯一目的是引入一些绘图类型并改进显示的格式。因此，当学习了Matplotlib后，还可以导入seaborn以改善图形的视觉质量。

> **注意：**
> 有关seaborn库的更多信息，请访问以下链接:https://seaborn.pydata.org/。

一般而言，Matplotlib是一个易于使用的Python库，可以打印二维数据表。对于简单的绘图，pyplot模型就足够了。

图2.3展示了一些最常用的绘图类型。

图类型	定　义	函数*	可视化表示
直方图	显示连续数据的分布情况	plt.hist()	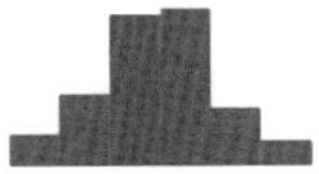
散点图	使用笛卡儿坐标显示两个变量的值	plt.scatter()	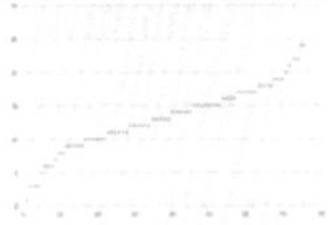
柱状图	用条形表示变量，其高度与它们所表示的值成正比	plt.bar()	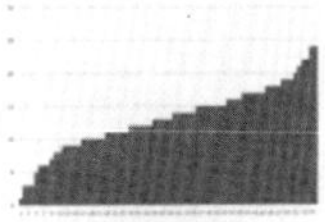
饼状图	用显示比例的圆形表示	plt.pie()	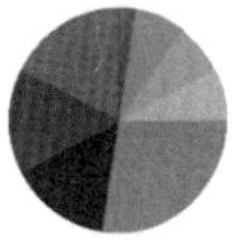

图 2.3　常用绘图类型（*）（导入 Matplotlib 及其 pyplot 模型后，可以使用第三列中的函数）

> **注意：**
> 访问关于您希望使用的Matplotlib绘图类型的文档，以便使用可用于编辑绘图结果的不同参数。

2.3.3　练习 5：从 noisy circles 数据集中绘制一个特征的直方图

在本练习中，将绘制noisy circles数据集中一个特征的直方图。请按照以下步骤完成此练习。

> **注意：**
> 对于本章中的所有练习和活动，请使用相同的Jupyter Notebook。

> 对于本章中的所有练习和活动，需要在系统上安装Python 3.6、Matplotlib、NumPy、Jupyter和Pandas。

（1）打开Jupyter Notebook来实现这个练习。

（2）通过写入以下代码导入将要使用的所有库。

```
import pandas as pd
import numpy as np
import matplotlib.pyplot as plt
np.random.seed(0)
```

Pandas库用于将数据集保存到DataFrame中，Matplotlib用于可视化，NumPy用于本章后面的练习，但由于将使用相同的Notebook，因此将在此处导入。

> **注意：**
> 使用numpy随机数来确保在本章练习中获得的结果在运行期间是一致的；否则，由于每次训练模型时都会发生随机初始化，即会在每次运行时发生变化。

（3）使用scikit-learn实用程序数据集创建noisy circles数据集。输入以下代码：

```
from sklearn import datasets
n_samples = 1500
data = datasets.make_circles(n_samples=n_samples, factor=.5,
noise=.05)[0]
plt.scatter(data[:,0], data[:,1])
plt.show()
```

第1行从scikit-learn库中导入数据集。接下来，将实例数设置为1500，创建一个名为data的变量存储通过make_circles()函数创建的值。最后，绘制散点图以显示数据空间中的数据点，该散点图与图2.4所示的散点图类似。

> **注意：**
> Matplotlib函数show()用于触发绘图的显示，考虑到上面的行只创建它。在Jupyter Notebook中编程时，它不是必需的，但在任何其他环境中都是必需的。

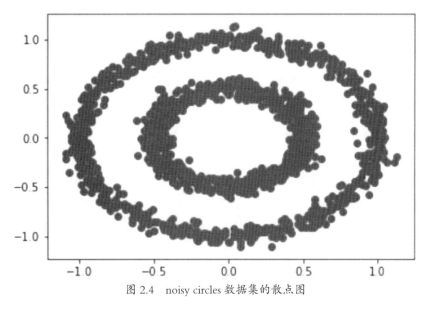

图 2.4　noisy circles 数据集的散点图

最终输出是具有两个特征和1500个实例的数据集。

注意：

make_circles()函数用于创建toy数据集以可视化聚类算法。它的工作原理是在二维空间中制作一个包含较小圆圈的大圆。要了解有关make_circles()函数的更多信息，请访问以下链接中的scikit-learn文档：http://scikit-learn.org/stable/modules/generated/sklearn.datasets.make_circles.html。

（4）使用以下两个函数之一来创建直方图。

```
plt.hist(data[:,0])
plt.show()
```

该图看起来类似于图2.5。

恭喜您！您已经使用Matplotlib成功地创建了直方图。同样，也可以使用Matplotlib创建不同的绘图类型。

总之，可视化工具可帮助您更好地了解数据集中可用的数据、模型的结果以及模型的性能。这是因为人类大脑接收视觉形式，而不是大型数据文件。

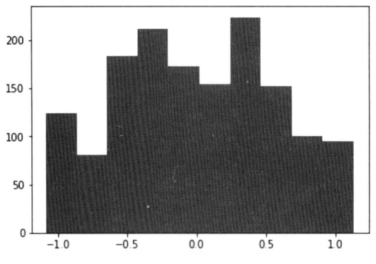

图 2.5 使用第一个特征的数据获得的直方图

Matplotlib已成为执行数据可视化的最常用库之一。这些库支持的不同绘图类型包括直方图、条形图和散点图。

2.3.4 活动 3：使用数据可视化来帮助预处理过程

在开始本小节之前，请按照以下步骤下载将用于本项目的数据集。

（1）访问链接:http://archive.ics.uci.edu/ml/datasets/Wholesale+customers。

（2）在数据集标题下方，找到下载部分，然后单击"数据文件夹"。

（3）单击批发客户data.csv以触发下载并将文件保存在与当前Jupyter Notebook相同的路径下。

贵公司的营销团队希望了解其客户的不同概况以集中营销工作，从而满足每个客户的需求。为此，它为您的团队提供了440份以前的销售数据列表。您的第一个任务就是对数据进行预处理，并且您的领导已要求您专门使用数据可视化来帮助他了解您在该过程中所做出的决策。为此，需要使用Pandas加载CSV数据集，并使用数据可视化工具来帮助预处理过程。您可以按照以下步骤进行。

（1）如果数据集存储在CSV文件中，则使用Pandas函数read_csv()加载以前下载的数据集。将数据集存储在名为data的Pandas DataFrame中。

> **注意：**
>
> 确保首先导入所需的库，如Pandas和Matplotlib。

（2）检查DataFrame中是否有缺失值。如果存在，请处理缺失值，并使用数据可视化来证实您的决策。

> **注意：**
>
> 使用data.isnull().sum()一次性检查整个数据集。

（3）检查DataFrame中的异常值。如果存在，请处理异常值，并使用数据可视化来证实您的决策。

> **注意：**
>
> 将距离均值3个标准差的所有值标记为异常值。

（4）使用规范化或标准化的公式重新调整数据。

> **注意：**
>
> 标准化往往更适合于聚类目的。此外，有关此活动的解决方案可以在附录中找到。

在检查上述内容时，您应该在数据集中找不到缺失值，并且在要处理的异常值的6个特征中找不到缺失值。

2.4 k-means 算法

k-means算法用于没有标记类的数据。它将涉及的数据划分为k个子群。如前所述，基于相似性将数据点分类到每个组中，对于该算法，通过相似性来测量距离集群中心（质心）的距离。算法的最终输出是与集群相关的数据点和每个集群的质心，可用于标记相同集群中的新数据。

每个群集的质心代表一组功能，可用于定义属于特征的数据点的性质。

2.4.1 理解算法

k-means算法通过迭代过程完成，涉及以下步骤。

（1）基于用户定义的集群数量，通过设置初始估计或从数据点随机选择它们来生成质心。这个过程称为初始化。

（2）通过测量每个数据点与质心的相应距离（称为分配步骤），将所有数据点分配给数据空间中最近的集群。目标是最小化欧几里德距离的平方，可以通过图2.6所示的公式定义。

$$\min \text{dist}(c, x)^2$$

图 2.6　最小化欧几里德距离的公式

图2.6中，c表示质心；x表示数据点；dist()是欧几里德距离。

（3）通过计算属于集群的所有数据点的平均值再次计算质心。这个过程是更新步骤。

在迭代过程中重复步骤（2）和步骤（3），直到满足标准。标准如下。

● 定义的迭代次数。
● 数据点不会在集群之间发生变化。
● 欧几里德距离最小化。

该算法设置为始终要得到一个结果，即使该结果可以收敛到局部或全局最优。

k-means算法接收若干参数作为运行模型的输入。最重要的考虑因素是初始化方法（init）和集群数量（k），其解释如下。

> **注意：**
> 要查看scikit-learn库中k-means算法的其他参数，请访问以下链接：http://scikit-learn.org/stable/modules/generated/sklearn.cluster.KMeans.html。

1. 初始化方法

算法的一个重要输入是用于生成初始质心的初始化方法。scikit-learn库合法的初始化方法解释如下。

（1）k-means++：这是默认选项。要考虑到质心必须彼此远离，所以要从数据点集合中随机选择质心。而为了实现这一点，该方法为那些距离其他质心更远的数据点分配更高的质心概率。

（2）random：此方法从数据点中随机选择k个观测值作为初始质心。

2. 选择集群数量

如前所述，用户设置要分割数据的集群数量。因此，适当选择集群数量是很重要的。

用于测量k-means算法性能的度量之一是数据点与它们所属的簇的质心的平均距离。然而，这种措施可能适得其反，因为聚类数量越多，数据点与其质心之间的距离越小，这可能导致聚类数量（k）与数据点的数量相匹配，从而损害了聚类算法目的。

为了避免这种情况，可以遵循的方法是绘制数据点与其中心之间的平均距离与聚类的数量。适当数量的聚类对应图的断点，其中降低的速率急剧变化。图2.7中的虚线圆圈代表理想情况的集群数量。

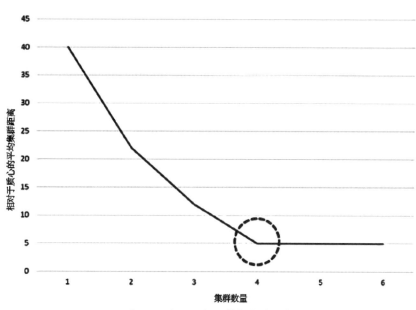

图 2.7　演示如何估算断点的图表

2.4.2　练习 6：在数据集上导入和训练 k-means 算法

下面的练习将使用练习5中使用make_circles()函数创建的相同数据集执行。考虑到这一点，请使用与之前练习相同的Jupyter Notebook。

（1）打开在练习5中使用的Jupyter Notebook。在这里，应该已导入所有必需的库，并将数据集存储在名为data的变量中。

（2）使用以下代码从scikit-learn中导入k-means算法。

```
from sklearn.cluster import KMeans
```

（3）要选择k的值，请计算数据点与其质心相对于集群数量的平均距离。请考虑要创建的最大集群数量不应超过20个。代码如下：

```
ideal_k = []
for i in range(1,21):
    est_ kmeans = KMeans(n_clusters=i)
    est_kmeans.fit(data)

    ideal_k.append([i,est_kmeans.inertia_])
```

首先，创建将值存储为数组的变量，并将其命名为ideal_k。接下来，执行从一个集群开始的for循环，并尽可能达到上限（考虑到最大集群数不得超过实例数）。

对于前面的实例，创建了最多20个簇的限制。作为此限制的结果，for循环1 ~ 20个簇。

> **注意：**
> 请记住，range()是一个上限函数，这意味着该范围将远低于上限之下的一个值。当上限为21时，范围将达到20。

在for循环中，使用要创建的簇数初始化算法，然后将数据拟合到模型中。接下来，将数据对（集群数量，到质心的平均距离）附加到名为ideal_k的列表中。

```
ideal_k = np.array(ideal_k)
```

到质心的平均距离不需要计算，因为模型在属性inertia_下输出它，可以将其称为[model_name].inertia_。

最后，ideal_k列表被转换为NumPy数组，以便能够将其作为Matplotlib图的参数提供。

（4）把在步骤（3）中计算的关系绘制出来，以找到输入最终模型的理想的k值。

```
plt.plot(ideal_k[:,0],ideal_k[:,1])
plt.show()
```

输出显示如图2.8所示。

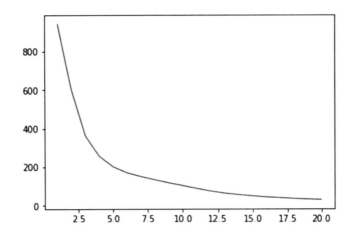

图 2.8　显示所用绘图函数输出的屏幕截图（1）

从图2.8中可以看到突破点大约是5。

（5）用k = 5训练模型。使用以下代码：

```
est_kmeans = KMeans(n_clusters=5)
est_kmeans.fit(data)
pred_kmeans = est_kmeans.predict(data)
```

第1行初始化模型，其中5为簇的数量。其次，数据适合模型。最后，该模型用于为每个数据点分配一个集群。

（6）将数据点聚集的结果绘制成聚类。

```
plt.scatter(data[:,0], data[:,1], c=pred_kmeans)
plt.show()
```

输出显示图像如图2.9所示。

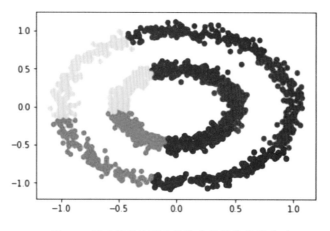

图 2.9　显示所用绘图函数输出的屏幕截图（2）

　　由于数据集仅包含两个要素，因此每个要素都作为输入传递给散点图函数。另外，从聚类过程中获得的标签用作显示数据点的颜色。因此，每个数据点基于两个特征的值位于数据空间中，并且颜色代表形成的聚类。

> **注意:**
> 对于具有两个以上特征的数据集，聚类的可视化表示与图2.9不同。这主要是因为数据空间中每个数据点(观察)的位置基于其所有特征的集合，并且在视觉上最多只能显示3个特征。

　　恭喜您! 您已经成功地导入并训练了k-means算法。

　　总之，k-means算法试图将数据分成k个簇，k是用户设置的参数。数据点基于它们与簇的质心的接近度被分为一组，其通过迭代过程计算。

　　根据定义的初始化方法设置初始质心。然后以欧几里德距离为基准，将所有数据点分配给在数据空间中质心更接近的集群。一旦数据点被划分成集群，每个集群的质心将作为所有数据点的平均值重新计算。该过程重复几次，直到满足停止标准。

2.4.3　活动 4: 将 k-means 算法应用于数据集

　　在继续此活动之前，请确保您已完成活动3。

　　继续分析贵公司过去的订单，您现在负责在数据集上应用k-means算法。使用先前加载的批发客户数据集，将k-means算法应用于数据并将数据分类为集群。请按照以下步骤完成此活动。

（1）打开在活动3中使用的Jupyter Notebook。为此，应该导入所有必需的库并将数据集存储在名为data的变量中。

（2）计算数据点与质心相对于集群数量的平均距离。根据此距离，选择适当数量的集群来训练模型。

（3）训练模型并为数据集中的每个数据点分配一个集群并绘制结果。

> **注意：**
> 您可以使用Matplotlib中的subplots()函数一次性绘制两个散点图。要了解有关此功能的更多信息，请通过以下链接访问Matplotlib的文档：https://matplotlib.org/api/_as_gen/matplotlib.pyplot.subplots.html。此外，有关此活动的解决方案可以在附录中找到。

聚类的可视化将根据集群数量（k）和选择要绘制的特征而不同。

2.5 mean-shift 算法

mean-shift算法是通过基于数据空间中数据点的密度为每个数据点分配一个集群，也称为分布函数中的模式。与k-means算法相反，mean-shift算法不要求将集群数量指定为参数。

该算法通过将数据点建模为分布函数来工作，其中高密度区域（数据点集中区）代表高峰值。一般的想法是移动每个数据点，直到它到达最近的峰值，这就变成了一个集群。

2.5.1 理解算法

mean-shift算法的第一步是将数据点表示为密度分布，如图2.10所示。为此，该算法建立在核密度估计（KDE）的基础上，这是一种用于估计一组数据分布的方法。

在图2.10中，点表示用户输入的数据点，线表示数据点的估计分布。峰（高密度区域）将会成为一个簇。接下来阐述为每个簇分配数据点的过程。

（1）在每个数据点周围绘制一个指定大小（簇的数量规模）的窗口。

（2）计算窗口内数据的平均值。

（3）窗口的中心移动到平均值。

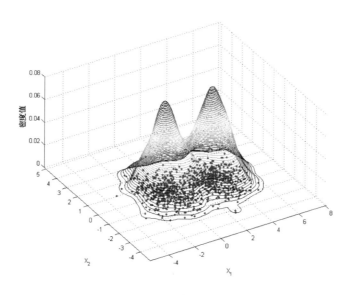

图 2.10　描述核密度估计思想的图像

重复步骤（2）和步骤（3），直到数据点达到峰值，这将确定它所属的簇。

簇的数量规模值应与数据集中数据点的分布一致。例如，对于归一化在 0 和 1 之间的数据集，簇的数量规模值应该在该范围内；而对于所有值在 1.000 和 2.000 之间的数据集，具有 100 和 500 之间的簇的数量规模将更有意义。

在图 2.11 中，估计的分布由线表示，在每个框中，数据点移动到最近的峰值，某个峰值中的所有数据点都属于该簇。

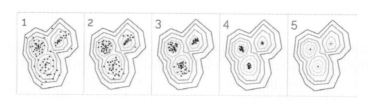

图 2.11　一系列图像说明了 mean-shift 算法的工作原理

数据点达到峰值所需的移位数取决于其簇的数量规模（窗口大小）及其与峰值的距离。

> **注意：**
>
> 要探索scikit-learn中mean-shift算法的所有参数，请访问：http://scikit-learn.org/stable/modules/generated/sklearn.cluster.MeanShift.html。

2.5.2 练习7：在数据集上导入和训练 mean-shift 算法

下面的练习将使用本章在练习5中创建的相同数据集来执行。考虑到这一点，请使用与之前练习相同的Jupyter Notebook。

（1）打开在练习6中使用的Jupyter Notebook。

（2）使用以下代码从scikit-learn中导入k-means算法类。

```
from sklearn.cluster import MeanShift
```

（3）以簇的数量规模为0.5来训练模型。

```
est_meanshift = MeanShift(0.5)
est_meanshift.fit(data)
pred_meanshift = est_meanshift.predict(data)
```

考虑到数据集已创建范围为–1 ~ 1的值，簇的数量规模值不应高于1。在尝试其他值（如0.1和0.9）之后选择0.5的值。

> **注意：**
>
> 考虑到簇的数量规模是算法的参数，并且作为参数，可以对其进行微调以获得最佳性能。微调过程将在后面的章节中进一步评估。

首先，使用簇的数量规模为0.5来初始化模型；其次，模型与数据相匹配；最后，使用该模型为每个数据点分配一个簇。

（4）将数据点聚集的结果绘制成聚类。

```
plt.scatter(data[:,0], data[:,1], c=pred_meanshift)
plt.show()
```

输出显示如图2.12所示。

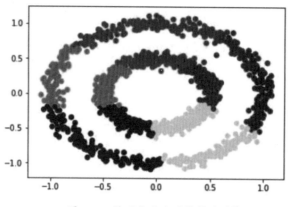

图 2.12　使用上述代码获得的图像

同样，由于数据集仅包含两个要素，因此两者都作为输入传递给散点函数。此外，从聚类处理获得的标签用作显示数据点的颜色。

已创建的簇总数为4。

恭喜您！您已经成功地导入并训练了mean-shift算法。

总之，mean-shift算法首先绘制表示数据点集的分布函数。该过程包括在高密度区域中创建峰值，而在低密度区域中保持平坦。

在此之后，算法继续通过缓慢地、迭代地移动每个点直到达到峰值，从而将数据点分类成簇。

2.5.3　活动5：将mean-shift算法应用于数据集

您的领导还希望您将mean-shift算法应用于数据集，以查看哪种算法更适合数据。因此，使用先前加载的批发客户数据集，将mean-shift算法应用于数据并将数据分类为簇。请按照以下步骤完成此活动。

（1）打开在活动4中使用的Jupyter Notebook。

> **注意：**
> 考虑到您使用相同的Jupyter Notebook，请注意不要覆盖以前的变量。

（2）训练模型并为数据集中的每个数据点分配一个簇，同时绘制出结果。

> **注意：**
> 有关此活动的解决方案可以在附录中找到。

簇的可视化将根据簇的数量规模和选择要绘制的特征而有所不同。

2.6 DBSCAN 算法

基于密度的噪声应用空间聚类（DBSCAN）算法将彼此接近的点（具有许多邻近点）组合在一起，并将距离较远且没有邻近点的点标记为异常值。

根据这一点，该算法是根据数据空间中所有数据点的密度对数据点进行分类的。

2.6.1 理解算法

DBSCAN算法有两个主要参数：epsilon和最小观测次数。

epsilon也称为eps，是定义算法搜索邻近点的半径的最大距离。**最小观测次数**是指形成高密度区域所需的数据点数量（min_samples），此参数在scikit-learn中是可选的。图2.13所示为最小观测次数默认值设置为5时的图像。

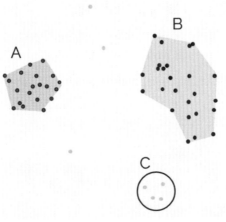

图 2.13　DBSCAN 算法如何将数据分类为集群的说明

在图2.13中，蓝色点分配给蓝色阴影簇（A），橙色点分配给橙色阴影簇（B）。此外，黄色点（C）被认为是异常值，因为它们不满足属于高密度区域的所需参数。

一些点分布稀疏的区域[如图像底部的黄色点（C）]，可能不构成一个簇，因为不能满足形成高密度区域的最小数据点数（本例的默认值为设置为5）。

> **注意：**
> 与簇的数量规模参数类似，epsilon值应与数据集中数据点的分布一致，因为它代表每个数据点周围的半径。

据此，每个数据点可以分类如下。

● 核心点：在其eps半径内至少具有最小数据点数的点。
● 边界点：在核心点的eps半径内的点，但在其自己的半径内没有所需数量的数据点。
● 噪点：不符合上面描述的所有点。

> **注意：**
> 要在scikit-learn中探索DBSCAN算法的所有参数，请访问：http://scikit-learn.org/stable/modules/generated/sklearn.cluster.DBSCAN.html。

2.6.2 练习8：在数据集上导入和训练DBSCAN算法

本练习讨论如何在数据集上导入和训练DBSCAN算法。我们将使用在本章练习5中为此活动创建的数据集，具体步骤如下。

（1）打开在练习7中使用的Jupyter Notebook。

（2）使用以下代码从scikit-learn导入DBSCAN算法类。

```
from sklearn.cluster import DBSCAN
```

（3）使用epsilon等于0.1的训练模型。

```
est_dbscan = DBSCAN(eps=0.1)
pred_dbscan = est_dbscan.fit_predict(data)
```

首先，用epsilon为0.1初始化模型。然后，使用fit_predict()函数将模型与数据匹配，并为每个数据点分配一个簇。

使用此捆绑函数，其同时包括拟合和预测方法，因为scikit-learn中DBSCAN算法不单独包含predict()方法。

同样，在尝试其他可能的值之后选择0.1的值。

（4）绘制聚类过程的结果。

```
plt.scatter(data[:,0], data[:,1], c=pred_dbscan)
plt.show()
```

输出显示如图2.14所示。

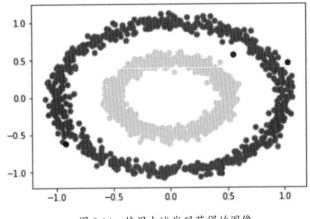

图 2.14　使用上述代码获得的图像

和以前一样，这两个要素都作为输入传递给散点函数。此外，从聚类处理获得的标签用作显示数据点的颜色。

已创建的集群总数为两个。

如您所见，每种算法创建的集群总数不同。这是因为，这些算法都定义了不同的相似性，因此，每一个算法对数据的解释都是不同的。

因此，在数据上测试不同的算法以比较结果并定义哪种算法可以更好地概括数据至关重要。以下课题将探讨评估性能的一些方法以帮助选择算法。

恭喜您！您已经成功地导入并训练了DBSCAN算法。

总之，DBSCAN算法基于数据空间中数据点的密度上对聚类进行分类。这意味着簇是由多个邻近的数据点组成的。这是通过考虑核心点是在设定半径内包含最小数量的邻近的核心点来完成的，边界点是那些位于核心点的半径内但在其自身半径内没有最小数量的邻近点，噪声点是那些不符合任何规范的点。

2.6.3　活动6：将DBSCAN算法应用于数据集

由于您的出色工作和快速周转，您的领导希望您也将DBSCAN算法应用于数据集。使用先前加载的批发客户数据集，将DBSCAN算法应用于数据并将数据分类为簇。请遵循以下步骤。

（1）打开在活动5中使用的Jupyter Notebook。

（2）训练模型并为数据集中的每个数据点分配一个簇，同时绘制出结果。

> **注意：**
> 有关此活动的解决方案可以在附录中找到。

聚类的可视化将根据epsilon和选择要绘制的特征而不同。

2.7　聚类性能的评估

在应用了聚类算法之后，有必要评估该算法的性能。当难以在视觉上评估聚类时（如当存在多个特征时），这一点尤其重要。

通常，对于监督算法，只需将每个实例的预测值与其真实值（类）进行比较，就可以很容易地评估其性能。另外，在处理无监督模型时，有必要采取其他策略。在聚类算法的特定情况下，可以通过测量属于同一聚类的数据点的相似性来评估性能。

2.7.1　scikit-learn 的可用指标

scikit-learn允许用户使用两个不同的分数来评估无监督聚类算法的性能。这些分数背后的主要思想是测量集群边缘的定义，而不是测量集群内的分散度。因此，值得一提的是，分数没有考虑到每个集群的大小。

Silhouette Coefficient（轮廓系数）分数计算每个点与集群的所有其他点之间的平均距

离（a），以及每个点与其最近集群的所有其他点之间的平均距离（b）。它根据如图2.15所示的等式将这些平均距离联系起来。

$$s = (b - a) / \max(a, b)$$

图 2.15　计算轮廓系数分数的等式

结果是介于–1和1之间的值。值越低，算法的性能越差。约等于0的值意味着集群的重叠。同样重要的是，要明确当使用基于密度的算法（如DBSCAN）时，此等式不能很好地工作。

创建Calinski-Harabasz指数以测量各个聚类的方差与所有聚类的方差之间的关系。更具体地说，每个聚类的方差是每个点相对于该聚类的质心的均方误差。另外，所有聚类的方差是指总体的聚类间方差。

Calinski-Harabasz指数的值越高，聚类的定义和分离就越好。由于没有可接收的截止值，因此通过比较来评估使用此索引的算法的性能，其中具有最高值的算法是表现最佳的算法。与Silhouette Coefficient一样，这个分数在基于密度的算法（如DBSCAN）上表现不佳。

遗憾的是，scikit-learn库不包含其他能有效地测量基于密度的聚类算法性能的方法，虽然这里提到的方法可能在某些情况下可以用来衡量这些算法的性能，但是当没有它们时，没有其他方法可以衡量算法性能，除了通过人工评估。

2.7.2　练习9：评估 Silhouette Coefficient 分数和 Calinski-Harabasz 指数

在本练习中，将学习如何估计2.7.1小节在scikit-learn中讨论的两个分数。

（1）从scikit-learn库导入Silhouette Coefficient分数。

```
from sklearn.metrics import silhouette_score
```

（2）计算在所有先前练习中创建的每个算法的Silhouette Coefficient得分。使用欧几里德距离作为测量点之间距离的度量。silhouette_score()函数的输入参数是数据、模型的预测值（分配给每个数据点的集群）和距离度量。

```
kmeans_score = silhouette_score(data, pred_kmeans,
metric='euclidean')
    meanshift_score = silhouette_score(data, pred_meanshift,
metric='euclidean')
    dbscan_score = silhouette_score(data, pred_dbscan,
```

```
metric='euclidean')
    print(kmeans_score, meanshift_score, dbscan_score)
```

对于k-means、mean-shift和DBSCAN算法，得分分别约为0.359、0.344和0.0893。

您可以观察到k-means和mean-shift算法具有相似的得分，而DBSCAN算法的得分更接近于0。这可以表明前两种算法的性能要好得多，因此，不应考虑使用DBSCAN算法来解决数据问题。

然而，重要的是要记住，在评估DBSCAN算法时，这种类型的得分表现不佳。这基本上是因为当一个聚类围绕另一个聚类时，得分可以将其解释为重叠，而实际上聚类是非常明确的。

（3）从scikit-learn库中导入Calinski-Harabasz索引。

```
from sklearn.metrics import calinski_harabasz_score
```

（4）计算本章前面练习中创建的每个算法的Calinski-Harabasz指数。calinski_harabasz_score()函数的输入参数是模型的数据和预测值（分配给每个数据点的集群）。

```
kmeans_score = calinski_harabasz_score(data, pred_kmeans)
meanshift_score = calinski_harabasz_score(data, pred_meanshift)
dbscan_score = calinski_harabasz_score(data, pred_dbscan)
print(kmeans_score, meanshift_score, dbscan_score)
```

对于k-means、mean-shift和DBSCAN算法，这些值分别约为1377.8、1304.07和0.158。再一次，结果类似于使用Silhouette Coefficient分数获得的结果，其中k-means和mean-shift算法表现得相似，而DBSCAN算法的表现相差较大。

此外，值得一提的是，每种方法的规模（Silhouette Coefficient分数和Calinski-Harabasz指数）差别很大，因此它们不易比较。

恭喜您！您已经成功地测量了三种不同聚类算法的性能。

总之，本课题中提供的分数是评估聚类算法性能的一种方法。但是重要的是，要考虑这些得分的结果不是确定的，因为它们的性能因算法而异。

2.7.3 活动7：测量和比较算法的性能

您的领导不确定算法的性能，因为它无法以图形方式进行评估。因此，他要求您使用可用于进行比较的数字度量来衡量算法的性能。需要使用先前训练的模型并计算Silhouette Coefficient分数和Calinski-Harabasz指数用于衡量算法的性能。以下步骤提供了有关如何执行此操作的提示。

（1）打开在活动6中使用的Jupyter Notebook。

（2）计算之前训练过的所有模型的Silhouette Coefficient分数和Calinski-Harabasz指数。

> **注意：**
> 有关此活动的解决方案可以在附录中找到。

结果可能会根据活动期间的选择和每个算法中某些参数的初始化而有所不同。

2.8 小结

使用无监督学习处理输入数据与输出标记无关的数据问题。这类数据问题的主要目的是通过查找在某些情况下可以推广到新实例的模式来了解数据。本章介绍了聚类算法，它将类似的数据点聚合到聚类中，同时分离出差异很大的数据点。之后，本章又介绍了数据可视化工具，可用于在数据预处理期间分析有问题的功能。还了解了如何将不同的算法应用于数据集并比较它们的性能以选择最适合数据的算法。鉴于无法表示图中的所有特征，因此讨论了两个不同的性能评估指标，即Silhouette Coefficient分数和Calinski-Harabasz指数，从而以图形方式评估scikit-learn的性能。但是重要的是，要理解度量性能的结果不是绝对的，因为度量的某些标准（默认情况下）比其他度量标准更好。

在第3章中将了解使用监督机器学习算法的步骤，并学习如何进行错误分析。

监督学习：关键步骤

学习目标

在本章结束时，您将能够：

- 解释训练集、验证集和测试集之间的不同。
- 为交叉验证实施数据划分。
- 从多个标准来描述算法的表现。
- 选择适合您的学习目的的性能评价指标。
- 对运行中出现的错误进行分析。

本章描述了机器学习中分类问题的解决方法。

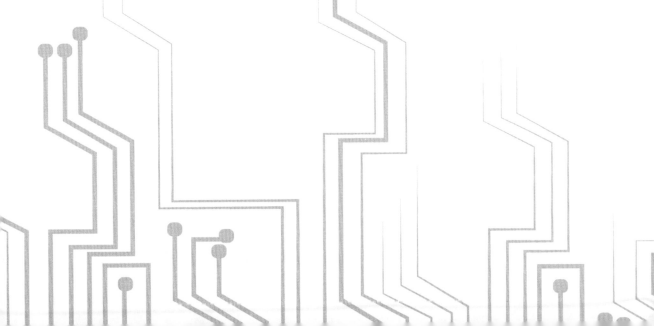

在第2章中介绍了如何使用无监督学习算法解决数据问题，并将所学到的概念应用到一些实际数据集中。此外，还学习了如何比较各种算法的性能，并研究了两种不同的性能评估指标。

在本章中将探讨有关监督学习问题的主要步骤。首先，本章解释了为了对模型进行训练、验证和测试，需要对数据集进行不同的划分；其次，讲述一些常见的机器学习性能评估指标。必须强调的是，在所有可用的评估指标中，应只选择其中一项作为学习的评估指标，并根据学习的目标来对其进行选择。最后，将学习如何进行错误分析，目的是理解应该通过采取哪些措施来改善模型的结果。

3.1　模型验证和测试

目前，几乎每个人都可以很容易地建立一个机器学习项目并在网上获得所需的所有信息。但是，在诸多备选算法中，为您的数据选择一个最合适的算法颇具挑战性。因此，选择合适的算法是一个反复试验和试错的过程，在此过程中您需要对不同的备选方案进行各种试验。

此外，建立一个良好模型的决策过程不仅包括算法的选择，还包括超参数的设置。为此，传统的方法是将数据划分为3个部分——训练集、验证集和测试集，稍后将做进一步解释。

3.1.1　数据拆分

数据拆分是一个将数据集划分为3个子集的过程，其中每个数据集都用于不同的目的。这样，引入偏差不会影响模型的开发。下面是对每个子集的描述。

● **训练集**：顾名思义，这是用于训练模型的数据集的一部分。它由输入数据和输出结果（标签）组成。

在这个集合上可以用不同的算法训练尽可能多的模型。但是，我们不使用性能指标来对该集合进行评估。

● **验证集**：也称dev集，用于在优化超参数的同时对每个模型进行无偏评估。我们通常在这一组数据上进行性能评估，来测试超参数在不同配置下的模型的表现。

虽然模型并不是从验证集数据中学习得来的，而是从训练集数据中学习得来的，但是由于它参与了参数变化的过程，所以模型也会间接地受到这组数据的影响。

在运行不同的超参数配置之后，我们根据模型在验证集上的性能表现，为每种算法选择一个最佳模型。

● **测试集**：该数据集用未见数据对模型性能进行最终评估（在训练和验证之后）。这有助于我们用实际数据来衡量模型的性能，以便将来进行预测。

测试集还用来比较竞争模型。训练集用于训练不同的模型，验证集用于调整每个模型的超参数以选择一个最优的超参数组合，而测试集的目的则是对最终模型进行无偏评估。

图3.1显示了选择一个理想的模型和使用上述数据集的过程。

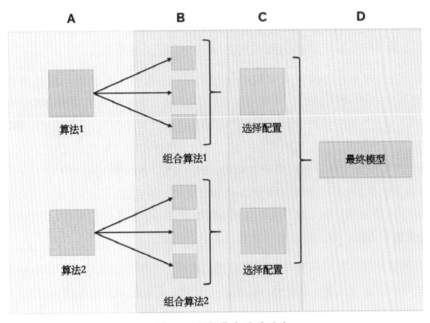

图 3.1　数据集分区的用途

图3.1中的A ~ D部分解释如下。

● A部分介绍了利用训练集中包含的数据，对采用期望算法的模型进行训练的过程。

● B部分表示每个模型的超参数调节过程。基于在验证集上对该模型性能的评估选择超参数的最优组合。

● C部分是通过比较每种算法在测试集上的性能表现，从而选择最终模型的过程。

● D部分表示最终所选择的模型，该模型将会用于对实际数据的预测。

最初，机器学习问题仅通过将数据划分为两组来解决：一组训练集和一组测试集。该方法使用训练集训练模型，这与我们把数据集划分为三组进行训练的做法相同。然而，在该方法中测试集用于调整超参数以及确定算法的最终性能。

尽管这个方法也可以使用，但是使用该方法创建的模型不如在未见的真实数据上表现好。这主要是因为，使用这样的数据集来调整超参数会间接地将偏差引入模型。

对此，有一种方法可以在将数据集划分为两组的同时，使得模型具有较小偏差，该方法被称为交叉验证拆分。稍后会探讨这个问题。

3.1.2　拆分比

不同数据集的作用差异很明显，必须清楚确定数据的拆分比。虽然没有精确的科学方法来计算拆分的比例，但是在这样做的时候需要考虑以下几件事情。

● 数据集的大小：先前所采用的拆分方式为，当数据不易获得且数据集通常包含100 ~ 100000个实例时，传统上接受的训练集、验证集和测试集的拆分比分别为60%、20%、20%。如今，随着软件和硬件日新月异的发展，研究人员可以将包含100多万个实例的数据集组合在一起。此时，这种收集大量数据的能力使得训练集、验证集和测试集的拆分比分别为98%、1%、1%，因为数据集越大，用于训练模型的数据就越多，不会影响用于验证集和测试集的数据量。

● 算法：重要的是，要考虑一些算法可能需要更多的数据来训练模型。在这种情况下，与前面的方法一样，应该始终选择更大的训练集。

其他一些算法，可能并不要求验证集和测试集相等。例如，当它具有较少超参数、可以很容易地对模型进行调优，此时允许验证集小于测试集，但是，如果模型有许多超参数，则需要有更大的验证集。

尽管前面提出的一些标准可以作为拆分数据集的指南，但是数据集的分布和研究目的也很重要。考虑到用于训练模型的数据和测试数据具有不同分布，即便真实数据有限，也必须至少是测试集的一部分，以确保模型能够达到预期的目的。

图3.2将数据集的比例分为3个子集。必须强调的是，训练集必须比其他两组更大，因为它要用来训练模型。此外，可以观察到训练集和验证集都对模型有影响，而测试集主要是用真实数据验证模型的实际性能，为此训练集和验证集必须来自同一个分布。

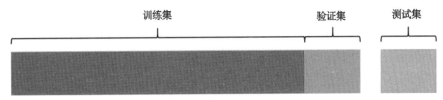

图 3.2   拆分比的可视化

3.1.3   练习 10：对实例数据集进行数据拆分

在本练习中将使用拆分比的方法在iris数据集上进行数据拆分。

> **注意：**
> 对于本章中的练习，需要在系统上安装Python3.6、NumPy、Jupyter、Pandas和scikit-learn。

（1）打开Jupyter Notebook来实现这个练习。本练习中使用三分法拆分数据。

（2）使用scikit-learn的数据集包导入iris数据集，并将其存储在一个名为iris_data的变量中。代码如下：

```
from sklearn.datasets import load_iris
iris_data = load_iris()
```

> **注意：**
> 在项目开始时导入所有必需的库、包和模块是一个很好的方法。然而，在下面的练习中，为了可视化的目的，它将不会以这种方式处理。

第1行从scikit-learn的数据集包中导入load_iris()函数。此函数加载scikit-learn提供的toy数据集。接下来，执行该方法检索输出结果。

> **注意：**
> 如果要检查iris数据集的特征，请访问以下链接：http://scikit-learn.org/stable/modules/generated/sklearn.datasets.load_iris.html。

load_iris()函数的输出是一个字典类的对象，它将特征（数据调用）与目标（目标调用）

分为两个属性。

（3）为方便数据操作，将每个属性（数据和目标）转换为Pandas DataFrame数据结构。首先导入Pandas，创建两个DataFrame；然后输出两个DataFrame的形状。

```
import pandas as pd
X = pd.DataFrame(iris_data.data)
Y = pd.DataFrame(iris_data.target)
print(X.shape, Y.shape)
```

打印函数的输出如下：

```
(150,4) (150,1)
```

这里，第1个括号中的值表示DataFrame X的形状（称为特征矩阵），第2个括号中的值表示DataFrame Y的形状（称为目标矩阵）。

> **注意：**
> scikit-learn库具有将数据拆分为两个子集（训练集和测试集）的功能。由于本练习的目的是将数据拆分为3个子集，因此将使用两次该函数以达到预期的结果。

（4）从scikit-learn的model_selection包中导入train_test_split()函数。

```
from sklearn.model_selection import train_test_split
```

（5）使用刚刚导入的函数执行数据拆分。代码如下：

```
X_train, X_test, Y_train, Y_test = train_test_split(X, Y, test_size
= 0.2)
```

train_test_split()函数的输入是两个矩阵（X,Y）和测试集的大小，测试集的大小是0到1之间的值，用于表示测试集所占比例。

> **注意：**
> 考虑到处理的是一个小数据集，所以使用60%、20%、20%的拆分比例。请记住，对于较大的数据集，拆分比例通常会更改为98%、1%、1%。

该函数的输出为4个矩阵:X分为两个子集(训练集和测试集),Y也分为两个相应的子集。

```
print(X_train.shape, X_test.shape, Y_train.shape, Y_test.shape)
```

通过输出所有4个矩阵的形状,可以推断测试子集(X和Y)的大小是原始数据集总大小的20%(150×0.2=30),而训练集的大小是原始数据集总大小的80%。

```
(120,4) (30,4) (120,1) (30,1)
```

(6)为了创建验证集(dev set),将使用train_test_split()函数对最后一步中获得的训练集进行拆分。要获得与测试集相同大小的验证集,必须先计算测试集的大小与训练集大小的比例,用作下一步的test_size。

```
dev_size = 30/120
```

这里,30是测试集的大小,120是将进一步拆分的训练集的大小。因此验证集比例是0.25。

(7)使用train_test_split()函数将训练集拆分为两个子集(训练集和验证集),将最后一步操作的结果作为test_size。

```
X_train, X_dev, Y_train, Y_dev = train_test_split(X_train, Y_train,
test_size = 0.25)
```

整个练习的结果是6个不同的子集,其形状如下:

```
X_train = (90,4)
Y_train = (90,1)
X_dev = (30,4)
Y_dev = (30,1)
X_test = (30,4)
Y_test = (30,1)
```

恭喜您!您已经成功地将数据集分成了3个子集来开发高效的机器学习项目。您也可以自由地测试不同的拆分比例。

总之,拆分数据的比例是不确定的,应该根据可用的数据量、要使用的算法类型和数据的分布情况来决定。

3.1.4 交叉验证

交叉验证是一种通过对训练集和验证集进行重新采样来拆分数据的过程。它由一个参数K组成，表示将在其中拆分数据集的组数。

因此，这一过程也被称为K-fdd交叉验证，其中K通常被选定的数字替换。例如，一个使用10-fdd交叉验证创建的模型意味着一个模型中数据被分成10个子块。交叉验证的程序说明如图3.3所示。

图 3.3　交叉验证的流程图

图3.3显示了交叉验证期间要遵循的过程，具体说明如下。

（1）考虑到这个过程是重复的，首先应该随机打乱数据顺序。

（2）数据被分成K个子分组。

（3）从测试集选择一个子分组作为验证集，其余的子分组组成训练集。

（4）在训练集上对模型进行训练，使用测试数据集中分出的验证集对模型进行评估。

（5）保存本次迭代的结果。根据结果对超参数进行调优，并重新打乱数据顺序，再次重复该过程，这个过程重复K次。

根据上述步骤，将数据集拆分为K个集合，并对模型进行K次训练。每次选择一组作为验证集，其余的数据集用于训练过程。

交叉验证可以使用数据的三分法或二分法完成。对于前者，数据集最初分为训练集和测试集，然后使用交叉验证对训练集再次进行拆分以创建不同的训练集和验证集，后一种方法则是对整个数据集使用交叉验证。

交叉验证之所以受欢迎，是因为它可以建立一个"公正"的模型，这些模型在未见数据上表现良好。此外，用交叉验证法可以从一个小数据集中构建出高效的模型。

对于K值的选择还没有确切的科学方法，K值越小，偏差就越大；而K值越大，偏差则会越小。此外，K值越小，整个过程的时间成本就越低，从而运行时间就更快。

> **注意:**
> 关于方差和偏差的概念将在后面的章节中解释。

3.1.5 练习11：使用交叉验证将训练集拆分为训练集和验证集

在本练习中，将使用交叉验证方法在iris数据集上执行数据拆分。

（1）打开Jupyter Notebook来实现这个练习。

（2）按照练习10的方法加载iris数据集，并创建包含特征矩阵和目标矩阵的Pandas DataFrame。

```
from sklearn.datasets import load_iris
import pandas as pd

iris_data = load_iris()
X = pd.DataFrame(iris_data.data)
Y = pd.DataFrame(iris_data.target)
```

（3）使用在前面的练习中学到的train_test_split()函数，将数据拆分为训练集和测试集。

```
from sklearn.model_selection import train_test_split
X, X_test, Y, Y_test = train_test_split(X, Y, test_size = 0.2)
```

（4）从scikit-learn的model_selection包中导入KFold类。

```
from sklearn.model_selection import KFold
```

（5）用10-fold方法初始化KFold类。

```
kf = KFold(n_splits = 10)
```

（6）将10-fold方法应用于X中的数据，该方法将输出训练集和验证集对象的索引。它会生成10种不同拆分方法。将输出保存到名为splits的变量中。

```
splits = kf.split(X)
```

请注意，不需要对Y中的数据进行拆分，因为该方法只保存索引（X和Y的索引是相同的）。接下来进行实际的数据拆分。

（7）执行一个for循环，该循环将遍历不同的拆分方法。在循环体中，创建保存训练集和验证集数据的变量。以下是代码片段：

```
for train_index, dev_index in splits:
X_train, X_dev = X.iloc[train_index], X.iloc[dev_index]
Y_train, Y_dev = Y.iloc[train_index], Y.iloc[dev_index]
```

for循环遍历K个拆分单元。在循环体中，使用索引号对数据进行拆分。

> **注意：**
> 训练和评估模型的代码应该写在循环体内，因为交叉验证的目的是使用不同的数据拆分片段来训练和验证模型。

恭喜您！您已经成功地在实例数据集上进行了交叉验证。

总之，交叉验证是一种用来对数据进行随机洗牌并将其拆分成训练集和验证集的过程，这样通过每次对不同的数据进行训练和验证，就可以得到一个低偏差的模型。

3.1.6　活动8：对手写数字数据集的数据拆分

假如您的公司专门负责识别手写字符，希望提高模型对手写数字的识别，因此收集了1797个手写数字（0～9）的数据。字符图像已经转换为它们对应的数字，这些数据提供了所需的数据集，您需要将其拆分为训练集、验证集和测试集。您可以选择执行常规拆分或交叉验证。按照以下步骤完成此活动。

（1）使用scikit-learn的datasets包导入该手写数字数据集，并创建包含特征矩阵和目标矩阵的Pandas DataFrame。

（2）选择您拆分数据集的方法将其拆分。

> **注意：**
> 最终得出的结果可能会有所不同，这取决于用于拆分数据集的方法和比例。
> 有关此活动的解决方案可以在附录中找到。

3.2　评估指标

模型的评估对于建立一个高效的模型是必不可少的，我们建立的模型不仅应该在训练数据上表现得好，在处理一些未见数据时表现得同样好。在处理监督学习问题时，将模型的真实值和预测值进行比较，就可以很容易地评估模型。

确定模型准确率对没有标记可比较的未见数据上的应用至关重要。对此，假如一个准确率为98%的模型，用户会认为该模型预测准确率高，因此是可信的。

如前所述，模型的性能评估应该在验证集（dev集）上对模型进行微调，在测试集上评估其在未见数据上的预期性能。

3.2.1　分类任务的评估指标

如前所述，分类任务是指类标签是离散值的模型，评估这类任务性能最常用的方法是计算模型的准确率，即将预测值与实际值进行比较。在许多情况下，这个度量方法是比较合适的，但在实施之前还需要考虑几个指标。

最常用的性能指标如下。

1. 混淆矩阵（Confusion Matrix）

混淆矩阵是一个包含模型性能的表格，它的描述如下。

- 列表示预测属于该类的实例。
- 行表示实际属于该类的实例。

混淆矩阵的出现使用户能够快速发现模型中具有更大分类难度的区域，如图3.4所示。

预测 真实数据	数字6	任意其他数字
数字6	556	44
任意其他数字	123	477

图 3.4　数字分类器用于识别数字 6 的混淆矩阵

从图3.4可以看出以下情况。

● 通过总结第1行中的值，可以知道有600个数字为6的实例。从这600个例子中，该模型预测有556个为数字6、44个为任意其他数字。因此，模型对真实实例的预测能力达到了92.6%。

● 关于第2行，也有600个实例是任意其他数字。然而，在这600个例子中，模型预测其中123个是数字6，477个是任意其他数字。该模型成功地预测了79.5%的错误实例。

基于上述内容可以得出这样的结论：当对包含有任意其他数字进行分类时，模型表现得很糟糕。

混淆矩阵中的行是指一个事件发生或不发生的实际情况，列引用模型的预测情况，我们将混淆矩阵中的值解释如下并在图3.5中显示。

● True Positives（真正例）：是指那些被模型分类出来的、同时也是真正属于这一类别的实例。例如，前面被正确分类出来的数字6。

● False Positives（假正例）：是指模型错误地将一个实例归类。例如，实例被错误地分类为数字6的任意其他数字。

● True Negatives（真负例）：表示被正确归类的负例。例如，实例被正确地分类为任意其他数字。

● False Negatives（假负例）：指模型错误地将其归类为事件的实例。例如，实例被错误地预测为数字6的任意其他数字。

	预测：真	预测：假
实际：真	TP	FN
实际：假	FP	TN

图 3.5　显示混淆矩阵值的表格

2. 准确率（Accuracy）

正如前面所说的那样，**准确率**是度量模型正确分类所有实例的能力。虽然这被认为是衡量性能的最简单方法之一，但如果研究的目的是最小化/最大化一个类别的发生，而不是它的性能，那么它并不总是一个有用的指标。

图3.5中的混淆矩阵的准确率采用如图3.6所示的公式计算。

$$Accuracy = \frac{(TP+TN)}{m} = 0.8608 \approx 86\%$$

图 3.6　准确率计算公式

这里，m表示实例的总数。

86%的准确率是指该模型在对两个类别的标签进行分类时的总体性能。

3. 精确率（Precision）

该指标可以度量模型正确分类正标签（表示事件发生的标签）的能力，方法是将其与预测为正的实例总数进行比较。

该指标由**真正例**与**真正例和假正例之和**的比表示，如图3.7所示。

$$Precision = \frac{TP}{TP+FP}$$

图 3.7　精确率计算公式

该指标仅适用于二进制分类任务，因为只有两个类标签（例如，true或false）。同时，多类任务也可考虑被转换为二进制分类任务（例如，6或任何其他数字），其中一个类引用有条件的实例，而另一个类引用没有条件的实例。

图3.4所示实例中，模型的精确率为81.8%。

4. 召回率（Recall）

召回率测量在所有正例中被正确预测的正例的百分比，即真正例与真正例和假负例之和的比值，如图3.8所示。

$$Recall = \frac{TP}{TP+FN}$$

图 3.8　召回率计算公式

同样，该指标应该用于两个类标签的分类情况。图3.4所示的例子中的召回率为92.6%，与上述两个指标相比，它代表的是模型的最高性能。我们选择哪种标准取决于研究的目的，这一点稍后会进一步解释。

3.2.2 练习12: 在分类任务上计算不同的评估指标

在这个练习中,导入breast cancer toy数据集(译者注:简单易于建模的数据集),使用scikit-learn库计算评估指标。

(1)打开Jupyter Notebook来实现这个练习。

(2)在接下来的练习中,将使用breast cancer toy数据集。此数据集包含对569名女性的乳房肿块的诊断结果(恶性或良性)。使用以下代码加载并拆分数据集,这与在前面的练习中所做的相同。

```
from sklearn.datasets import load_breast_cancer
data = load_breast_cancer()

import pandas as pd
X = pd.DataFrame(data.data)
Y = pd.DataFrame(data.target)

from sklearn.model_selection import train_test_split
X_train, X_test, Y_train, Y_test = train_test_split(X,Y, test_size = 0.1,random_state = 0)
```

注意,数据集被划分为两个子集(训练集和测试集),主要是因为本练习的目的是学习如何使用scikit-learn包来计算评估指标。

> **注意:**
> random_state参数用于设置一个种子,该种子将确保每次运行代码时都得到相同的结果。这可以保证您将获得与本练习中所获得的结果相同的结果。
> 可以用不同的数字作为种子。但是,建议您使用本章的练习和活动中所采用的数字来获得相同的结果。

(3)在训练集上训练一棵决策树,然后使用模型预测测试集上的类标签。代码如下:

```
from sklearn import tree
model = tree.DecisionTreeClassifier(random_state = 0)
```

```
model = model.fit(X_train, Y_train)
Y_pred = model.predict(X_test)
```

一般的解释是，首先初始化模型使用random_state设置种子。其次，用fit方法使用来自训练集（X和Y）的数据来训练模型。最后，预测方法用于触发测试集中数据的预测（仅X）。Y_test的数据将用于预测情况与真实情况的比较。

> **注意：**
> 训练监督学习模型的步骤将在后面的章节中进一步解释。

（4）使用scikit-learn构建一个混淆矩阵。请参阅下列代码：

```
from sklearn.metrics import confusion_matrix
confusion_matrix = confusion_matrix(Y_test, Y_pred)
```

结果显示如下：

```
[[21,1],
 [6,29] ]
```

（5）通过比较Y_test和Y_pred，计算模型的准确率、精确率和召回率。

```
from sklearn.metrics import accuracy_score, precision_score, recall_score

accuracy = accuracy_score(Y_test, Y_pred)
precision = precision_score(Y_test, Y_pred)
recall = recall_score(Y_test, Y_pred)
```

结果显示如下：

```
Accuracy = 0.8771
Precision = 0.9666
Recall = 0.8285
```

假定，正分类标签是恶性肿块，可以得出模型预测恶性的病例有较高的概率（96.6%）为恶性，而对于预测为良性肿瘤的病例，模型的错误概率为17.15%（100% ~ 82.85%）。

恭喜您！您已经成功地计算了分类任务的评估指标。

3.2.3 评估指标的选择

有几种指标可以用来衡量一个模型在分类任务中的性能，而选择正确的指标是构建一个性能出色的模型的关键。

在此之前，有人曾经提到了理解研究目的的重要性，认为这是确定在数据集上执行所需的预处理技术的一种有用见解。此外，研究目的也有助于确定衡量模型性能的指标。

为什么研究目的对评估指标的选择来说很重要？因为通过理解研究的主要目的，可以决定是将注意力集中在模型的总体性能上还是只关注其中的一个类标签。例如，一个为了识别图片中何处有鸟类而创建的模型，不需要很好地识别图片中有哪些其他动物，只要不将这些动物归类为鸟类就可以。这意味着该模型只需提高正确分类鸟类的性能。

另外，对于已创建的识别手写字符的模型（其中没有一个字符比另一个字符更重要），理想的评估是衡量模型的整体准确率。

如果选择了多个指标，会发生什么情况？考虑到同时测量两个指标可能会需要不同的方法来改进结果，因此很难获得模型的最佳性能。

3.2.4 回归任务的评估指标

回归任务是指最终输出结果是连续值，没有固定数量的输出标签，因此，比较的是真实值和预测值之间有多接近，而不是比较它们是否相等。例如，当预测房价时，一个模型将价值299846美元的房屋的价值预测为300000美元，我们就认为这个模型是一个很好的模型。

衡量连续变量的正确性最常用的两个指标是平均绝对误差（Mean Absolute Error，MAE）和均方根误差（Root Mean Squared Error，RMSE），具体如下。

● 平均绝对误差：该指标计算预测值和真实值之间的平均绝对误差，而不考虑误差的方向。计算MAE的公式如图3.9所示。

$$\mathrm{MAE} = \frac{1}{m} * \sum_{i=1}^{m} |y_i - \hat{y}_i|$$

图 3.9　MAE 计算公式

这里，*m*表示实例的总数；*y*表示真实值；*ŷ*表示预测值。

● 均方根误差：这是一个二次指标，它也测量真实值和预测值之间的平均误差大小。顾名思义，RMSE是误差平方和的平均值的平方根，公式如图3.10所示。

$$RMSE = \sqrt{\frac{1}{m} * \sum_{i=1}^{m} \left(y_i - \hat{y}_i \right)^2}$$

图 3.10　RMSE 计算公式

这两个指标都表示平均误差，其范围为0～∞，值越低，模型的性能就越好。这两个指标的主要区别在于，MAE为所有错误分配相同的权重，而RMSE则对误差进行平方，为较大的误差分配更高的权重。

考虑到这一点，RMSE指标在较大误差应该受到惩罚的情况下特别有用，这意味着其在衡量模型性能时考虑到了异常值。例如，当舍入为4的值比舍入为2的值效果差两倍以上时，可以使用RMSE指标。相反，当舍入为4的值比舍入为2的值效果差一倍时，可以使用MAE指标。

3.2.5　练习 13：计算回归任务的评估指标

在本练习中，将通过使用训练的模型计算线性回归的评估指标。我们将使用 boston（译者注：波士顿房价）toy数据集。

（1）打开Jupyter Notebook来实现这个练习。

（2）在下面的练习中，将使用boston toy数据集。这个数据集包含了波士顿506个房价的数据。使用以下代码加载和拆分数据集，步骤与前面的练习相同。

```
from sklearn.datasets import load_boston
data = load_boston()

import pandas as pd
X = pd.DataFrame(data.data)
Y = pd.DataFrame(data.target)

from sklearn.model_selection import train_test_split
```

```
X_train, X_test, Y_train, Y_test = train_test_split(X,Y, test_size =
0.1,random_state = 0)
```

（3）在训练集上训练一个线性回归模型。然后，使用模型来预测测试集中的标签。代码如下：

```
from sklearn import linear_model
model = linear_model.LinearRegression()
model = model.fit(X_train, Y_train)

Y_pred = model.predict(X_test)
```

一般来说，首先初始化模型。其次，使用训练集（包括X和Y）的数据，通过fit()方法来训练模型。最后，使用predict()方法对测试集中的数据进行预测（仅X）。来自Y_test的数据将被用来比较预测值与真实值。

（4）计算MAE和RMSE的值。

```
import numpy as np
from sklearn.metrics import mean_absolute_error, mean_squared_error

MAE = mean_absolute_error(Y_test, Y_pred)
RMSE = np.sqrt(mean_squared_error(Y_test, Y_pred))
```

结果显示如下：

```
MAE = 3.9343
RMSE = 6.4583
```

注意：

scikit-learn包允许直接计算MSE。为了计算RMSE，我们计算从mean_squared_error()函数得到的值的平方根。通过使用平方根,确保MAE和RMSE的值是可比的。

根据结果，考虑到两个值都接近0，可以得出该模型在测试集上表现良好的结论，然而，这也意味着模型的性能仍然可以得到改善。

恭喜您！您已经在回归任务中成功地计算了评估指标。

3.2.6　活动9：评估在手写数据集上训练的模型的性能

您需要继续改进模型以识别手写数字。团队已经建立了一个模型，他们希望您评估此模型的性能。按照以下步骤完成此活动。

（1）使用scikit-learn的datasets包导入digits（译者注：mnist手写数字集）toy数据集并创建包含特征矩阵和目标矩阵的Pandas DataFrame数据结构。

（2）将数据拆分为训练集和测试集。使用20%作为测试集的数据规模。

（3）在训练集上训练决策树。然后，使用模型来预测测试集中的类标签。

> **注意：**
> 关于如何训练决策树，请重温练习12。

（4）使用scikit-learn构建一个混淆矩阵。

（5）计算模型的准确率。

（6）计算精确率和召回率。考虑到精确率和召回率都只能对二进制数据进行计算，所以假设模型只专注于将实例分类为数字6或任意其他数字。

为了能够计算精确率和召回率，使用下面的代码将Y_test和Y_pred转换为一个one-hot向量。一个one-hot向量由一个只包含0和1的向量组成，对此练习来说，0表示数字6，1表示任意其他数字。这将类标签(Y_test和Y_pred)转换为二进制数据，这意味着只有两个可能的结果，而不是10个不同的结果。

然后，使用新变量计算精确率和召回率。

```
Y_test_2 = Y_test[:]
Y_test_2[Y_test_2 != 6] = 1
Y_test_2[Y_test_2 == 6] = 0

Y_pred_2 = Y_pred
Y_pred_2[Y_pred_2 != 6] = 1
Y_pred_2[Y_pred_2 == 6] = 0
```

> **注意：**
> 有关此活动的解决方案可以在附录中找到。

您应该获得以下值作为输出。

```
Accuracy = 84.72%
Precision = 98.41%
Recall = 98.10%
```

3.3 错误分析

正如当前所解释的那样，通过使用scikit-learn库构建一个普通的模型非常容易。考虑到这一点，建立一个优秀的模型的关键还在于研究人员的分析和决策。

到目前为止，我们已经看到，一些最重要的任务包括选择和预处理数据集、确定研究的目的，以及选择合适的评估指标。在处理完这些任务之后，需要对模型进行微调才能达到最高标准，大多数数据科学家建议，不管超参数如何，先训练一个简单的模型，以便开始这项研究。

引入错误分析是一种非常有用的方法，它可以将一个普通模型转化为一个特殊的模型。顾名思义，它包括分析数据集不同子集之间的错误，以便更好地调整影响模型的条件。

3.3.1 偏差、方差、数据不匹配

要了解影响机器学习模型的不同因素，很重要的一点是理解什么是贝叶斯错误。贝叶斯错误也称为不可约错误，是能达到的最低可能错误。

在技术和人工智能进步之前，贝叶斯错误被认为是人类可以达到的最小错误（人为错误）。例如，对于大多数人的错误率为0.1，而顶级专家的错误率为0.05的一个过程，贝叶斯错误为0.05。

然而，现在贝叶斯错误被重新定义为机器所能达到的最低可能错误，因为考虑到作为人类，我们只能理解人类的错误，所以这个错误是未知的。正因为如此，当使用贝叶斯错误分析时，当模型的错误低于人为错误时，就无法得知错误的最低限度。

图3.11有助于分析不同数据集之间的错误率，并确定对模型有较大影响的条件。图3.11的目的是找出彼此之间存在较大差异的误差，从而对模型进行相应的诊断和改进。此外，要强调的是，每个集合的错误值是通过从100%（1）中减去评估指标来计算的（取决于衡量性能的尺度）。例如，测试集上86%（0.86）的性能可以转化为14%（0.14）的测试集错误。

影响模型的条件是通过获取集合的错误率并减去集合的上述错误率的值来确定的。数值差异最大的两个集合是用来诊断模型的集合。但是，必须注意的是，不应考虑到负差异，因为错误分析的主要思想是尽可能地降低错误率。

综上所述，错误率较低时，图3.11中所解释的条件越有助于识别问题所在，越有助于改进结果。另外，如果上述错误率较高，则越说明问题不存在于这两个集合之间，而存在于这两个集合之上。

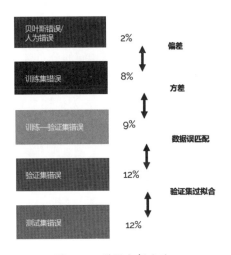

图 3.11　错误分析方法

例如，图3.11中的值表明，最大的差异是贝叶斯错误和训练集错误之间的差异，考虑到这两个错误在从一个错误减去另一个错误时有更大（正）的数值差距。这有助于确定模型存在很大的偏差。

> **注意：**
> 训练—验证集是训练集和验证集中数据的组合。它通常具有与验证集相同的形状，并且包含来自这两个集合的相同数量的数据。

以下是对一些情况的解释，并且介绍了一些避免/修正这些情况的措施。

3

监督学习：关键步骤

81

● **高偏差**：也被称为欠拟合，当模型没有泛化到训练集时，偏差就会发生，它表现为模型对所有3个集合（训练集、验证集和测试集）以及未见数据的表现都很差。

欠拟合是最容易检测的情况，它通常需要更改为一个更适合当前数据的算法。对于神经网络，可以通过构造更大的网络或通过长时间的训练来修正。

● **高方差**：也称为过拟合，这种情况是指模型不能很好地处理与训练集不同的数据。这意味着该模型通过学习数据的细节和离群点而过度适应了训练数据，却不做任何推广。受过拟合影响的模型在开发工具或测试集上或在未来的数据上表现不佳。

过拟合可以通过调整算法不同的超参数来修正，通常是为了简化算法对数据的逼近。例如，对于决策树，可以通过修剪树枝来删除从训练数据中学到的一些细节。另外，在神经网络中，可以通过增加正则化技术来解决这一问题，以减少神经元对整个结果的影响。此外，向训练集中添加更多的数据也可以帮助模型避免高方差。

● **数据不匹配**：当训练集和验证集不遵循相同的分布时，就会发生这种情况。这会在一定程度上影响模型，因为虽然它是基于训练数据进行泛化的，但是这种泛化并不会描述在验证集中找到的数据。例如，为描述景观照片而创建的模型，如果使用高清图像对其进行训练，就可能会受到数据不匹配的影响，而一旦模型建立之后使用实际图像，就是不专业的。

从逻辑上讲，避免数据不匹配的最佳方法是确保数据集遵循相同的分布。例如，您可以通过将两个来源的图像（专业图像和非专业图像）合并在一起，然后将它们拆分为不同的集合来实现这一点。

然而，如果没有足够的数据遵循相同的未见数据分布（今后将使用的数据），强烈建议完全利用这些数据创建验证集和测试集，并将剩余的数据添加到大型训练集中。在前面的实例中，则应该使用非专业图像来创建验证集和测试集，并将其余的图像与专业图像一起添加到训练集中。

这有助于使用包含足够多图像的集合来训练模型，以便进行泛化，但它需要使用与未见数据相同分布的数据对模型进行微调。

最后，如果所有集合的数据实际上都来自同一个分布，那么这种情况实际上是指一个高方差的问题，应该做和上述相同的处理。

● **扩展验证集**：类似于高方差，当模型没有做到泛化而是太好地拟合了训练集时，就会发生这种情况。

应采用与高方差相同的方法来解决这一问题。

3.3.2 练习14：计算不同数据集的错误率

在本练习中，将计算使用决策树训练的模型的错误率。我们将使用breast cancer toy数据集来达到这一目的。

（1）打开Jupyter Notebook来实现这个练习。

（2）对于下面的练习，将使用breast cancer toy数据集。使用以下代码加载数据集并创建包含特征矩阵和目标矩阵的数据文件。

```
from sklearn.datasets import load_breast_cancer
data = load_breast_cancer()

import pandas as pd
X = pd.DataFrame(data.data)
Y = pd.DataFrame(data.target)
```

（3）将数据集拆分为训练集、验证集和测试集。

```
from sklearn.model_selection import train_test_split

X_new, X_test, Y_new, Y_test = train_test_split(X, Y, test_size =
0.1, random_state = 101)

X_train, X_dev, Y_train, Y_dev = train_test_split(X_new, Y_new,
test_size= 0.11, random_state = 101)
```

（4）创建一个训练—验证集，将来自训练集和验证集的数据组合在一起。

```
import numpy as np
np.random.seed(101)

indices_train = np.random.randint(0, len(X_train), 25)
indices_dev = np.random.randint(0, len(X_dev), 25)
```

```
X_train_dev = pd.concat([X_train.iloc[indices_train,:], X_dev.
iloc[indices_dev,:]])

Y_train_dev = pd.concat([Y_train.iloc[indices_train,:], Y_dev.
iloc[indices_dev,:]])
```

首先，导入NumPy并设置一个随机种子。其次，使用NumPy函数的random.randint()方法从X_train集中选择随机索引。为此，在从0到X_train的范围内生成25个随机整数。同样的过程用于生成dev集的随机索引。最后，创建一个新变量来存储所选的X_train和X_dev的值，以及一个用于存储来自Y_train和Y_dev的相应值的变量。

已创建的变量包含来自训练集的25个实例/标签和来自验证集的25个实例/标签。

（5）在训练集上训练一棵决策树。使用以下代码。

```
from sklearn import tree

model = tree.DecisionTreeClassifier(random_state = 101)
model = model.fit(X_train, Y_train)
```

（6）使用predict()方法生成所有集合（训练集、训练—验证集和测试集）的预测，考虑到研究的目的是最大化模型预测所有恶性病例的能力，我们计算所有预测的召回分数。将所有分数存储在一个名为scores的变量中。

```
from sklearn.metrics import recall_score
X_sets = [X_train, X_train_dev, X_dev, X_test]
Y_sets = [Y_train, Y_train_dev, Y_dev, Y_test]

scores = []
for i in range(0, len(X_sets)):
    pred = model.predict(X_sets[i])
    score = recall_score(Y_sets[i], pred)
    scores.append(score)
```

图3.12显示了所有数据集的错误率。

集	错误率
贝叶斯错误/人为错误	0
训练集错误	0
训练—验证集错误	0.0295
验证集错误	0.0667
测试集错误	0.0286

图 3.12　乳腺癌模型的错误率

在此，假设贝叶斯错误为0，考虑到恶性肿块和良性肿块之间的分类是通过对肿块进行活体检视来完成的。

从图3.12可以得出结论，该模型对于我们的学习目标来说表现得非常好，因为所有的错误率都接近0，这是可能的最小误差。

错误率差别最大的集合在训练—验证集和验证集之间，引发此情况的原因是数据不匹配。但是，考虑到所有数据集都来自同一个分布，所以这种情况被认为是一个高方差问题，可以通过向训练集添加更多数据以降低错误率。

恭喜您!您已经成功地计算了所有数据的子集的错误率。

3.3.3　活动10：对经过训练的手写数字识别模型执行错误分析

根据我们提供的用于度量模型性能的不同指标，我们最终选择了准确率作为理想的度量标准。考虑到这一点，需要执行错误分析，以确定如何改进模型。按照以下步骤实现这一目标。

（1）使用scikit-learn的datasets包导入digits toy数据集，并创建包含特征矩阵和目标矩阵的Pandas DataFrame。

（2）将数据分成训练集、验证集和测试集。使用0.1作为测试集的大小，并使用该数字（0.1）构建相同大小的验证集。

（3）为特征值和目标值创建一个训练—验证集，其中包含训练集的89个实例/标签和验证集的89个实例/标签。

（4）在训练集数据上训练决策树。

（5）计算所有数据集的错误率，并确定影响模型性能的条件。

> **注意:**
> 有关此活动的解决方案可以在附录中找到。

3.4 小结

在开发机器学习模型时,主要目的之一是使模型能够进行泛化,使其能够适用于未来的未见数据,而不仅仅是学习一组非常好的实例,却在新数据上表现较差。因此,本章首先介绍了一种验证和测试方法,其中将数据分成三组:训练集、验证集和测试集。这种方法消除了模型中形成"偏见"的风险。其次,本章讨论了如何评估一个模型对分类和回归问题的性能。最后,讨论了如何对每个集合进行性能分析和错误分析,以及如何检测影响模型性能的条件。

在第4章中将重点讨论如何将不同的算法应用到真实的数据集中,其基本目标是应用本意学到的步骤来为案例研究选择性能最好的算法。

第4章

监督学习算法：预测年收入

学习目标

在本章结束时，您将能够：

● 确定案例研究的目的。

● 解释用于分类的三种不同监督学习算法的方法。

● 使用不同算法解决监督学习分类问题。

● 通过比较不同算法的结果执行错误分析。

● 识别具有最佳性能的算法。

本章描述了监督学习算法在真实数据集中的实际执行情况。

在第3章中介绍了使用监督学习数据问题所涉及的关键步骤。如前所述，这些步骤旨在创建高性能算法。本章重点介绍如何将不同的算法应用于现实生活中的数据集，其基本目标是应用之前学到的步骤，为案例研究选择性能最佳的算法。考虑到这一点，我们将分析并预处理数据集，然后使用不同的算法创建三个模型。这些模型将相互比较以衡量性能。

4.1　探索数据集

现实生活中的应用对于巩固知识至关重要。因此，本章包含一个涉及分类任务的真实案例研究。为了选出性能最佳的模型，该任务将应用在第3章中学到的关键步骤。

为实现此目标，本章将使用人口收入普查（Census Income）数据集，该数据集可在加州大学欧文机器学习库（UC Irvine Machine Learning Repository）中获得。

> **注意：**
> 下载数据集，可访问http://archive.ics.uci.edu/ml/datasets/ Census+Income。

找到数据库后，请按照以下步骤下载数据集。

（1）单击Data Folder（**数据文件夹**）链接。

（2）本章使用**adult.data**数据。进入链接后可以看到数据。

（3）右击它并选择Save as（**另存为**）。

（4）将其另存为**.csv**文件。

> **注意：**
> 打开文件并在每列上添加头名称，以便更轻松地进行预处理。例如，依数据集中的属性，第1列数据应加标头Age。这些属性可以在上述链接中的Attribute Information下看到。

要构建一个能够准确拟合数据的模型，了解数据集的不同细节非常重要。

首先，修改可用的数据，以了解数据集的大小和要开发的监督学习任务的类型：分类或回归。其次，确定主研究目标，即使它是显而易见的。对于监督学习，其目标与类别标签密切相关。最后，分析每个特征，以便可以了解它们的类型以进行预处理。

人口收入普查数据集是成人人口学统计数据的集合，取自1994年人口普查数据集。在本章中，仅使用了adult.data链接下的数据。该数据集由32561个实例、14个特征和一个二进制类标签组成。考虑到类标签是离散的，我们的任务是实现分类。

通过对数据的快速评估，可以观察到一些特征以问号的形式表示为缺失值。这在处理在线可用的数据集时很常见，应该通过用空值（而不是空格）替换符号来处理。缺失值的其他常见形式是NULL值和破折号。

要在Excel中编辑缺失值符号，请按以下方法使用**"替换"**功能。

（1）**查找**：输入用于表示缺失值的符号（如"？"）。

（2）**替换**：将其留空（不要输入空格）。

这样，当将数据集导入代码时，NumPy就能找到缺失值，以便处理它们。

该数据集的预测任务包括：确定一个人一年的收入是否超过50000美元。据此，两种可能的结果标签是＞50000（大于50000）或≤50000（小于或等于50000）。

图4.1显示了数据集中每个功能的简要说明。

特 征	类 型	描 述	关 联
age（年龄）	量化（连续）	个体年龄	是
workclass（工种）	定性（标名）	个体工作类型	是
fnlwgt（序号）	量化（连续）	人口普查员认为个体所代表的人数	否；数值受到参加调查者的主观影响
education（教育）	定性（序数）	个体到达的最高教育水平	否；受教育时间特征代表相同的信息，但是它是首选的，因为它以数字形式呈现
education-num（受教育时间）	量化（连续）	以数字表示的最高教育水平	是
marital-status（婚姻状况）	定性（标名）	个体婚姻状况	是
occupation（职位）	定性（标名）	个体当前职位	是
relationship（关系）	定性（标名）	表征个体人脉价值	否；由于它的目的不清晰，这个特征被忽略了

图 4.1　数据集特征分析

特　征	类　型	描　述	关　联
race（种族）	定性（标名）	个体种族	尽管（在某些情况下）这个特征可能具有关联性，出于道德考虑，本次研究将该指标排除 *
sex（性别）	定性（标名）	个体性别	尽管（在某些情况下）这个特征可能具有关联性，出于道德考虑，本次研究将该指标排除 *
capital-gain（主要收入）	量化（连续）	个体所有记录在案的主要收入	是
capital-loss（主要支出）	量化（连续）	个体所有记录在案的主要支出	是
hours-per-week（每周工作时长）	量化（连续）	个体每周工作的时间	是
native-country（出生国家）	定性（标名）	个体出生国	是

图 4.1　数据集特征分析（续）

注意：

*出版商注：在进行本研究时，性别和种族会影响个人的收入潜力。但是，为了本章的目的，我们决定在本章的练习和活动中排除这些类别。

我们知道，由于偏见和歧视性做法，不可能将性别、种族、教育和职业机会等问题分开。在这些练习的预处理阶段从我们的数据集中删除某些特征并不是要忽视这些问题，也不是要忽视在民权领域工作的组织和个人所做的宝贵工作。

我们强烈建议读者在学时能够考虑数据的社会政治影响及其使用方式，并考虑过去的偏见是如何通过将历史数据应用到新算法而得到延续的。

从图4.1中可以得出以下结论。

● 5项特征与本研究无关：序号、教育、关系、种族和性别。在继续进行模型的预处理和训练之前，必须从数据集中删除这些特征。

● 在剩余的特征中，有4个作为定性值显示。考虑到许多算法不考虑定性特征，这些数值应以数字形式表示。

使用在前几章中学到的概念，对于前面的陈述以及对异常值和缺失值的预处理过程可按以下逻辑步骤进行。

（1）导入数据集并删除与研究无关的特征。

（2）检查缺失值。考虑到缺失值最多的特征（职业）有1843个实例，因此无须删除或替换缺失值，因为它们仅占整个数据集的5%或更少。

（3）必须将定性值转换为其数字表示。

（4）应该检查异常值。在使用3个标准差来检测异常值时，具有最大异常数的特征（capital-loss）有1470个实例，也少于整个数据集的5%。同样，可以对它们不做处理。

上述过程将原始数据集转换为具有32561个实例、9个要素和1个类标签的新数据集（因为没有实例被删除）。所有值都应采用数字形式。

> **注意：**
> 确保执行上述预处理步骤，因为它将用于本章中的所有活动。

4.2　朴素贝叶斯算法

朴素贝叶斯（Naïve Bayes）是一种基于贝叶斯定理的分类算法，它简单地假定特征之间相互独立，并为所有特征赋予相同的权重（重要性程度）。这意味着该算法假定没有任何一个特征与另一个特征相关或影响另一个特征。例如，尽管在预测人的年龄时，体重和身高在某种程度上是相关的，但朴素贝叶斯算法假定每个特征是独立的。此外，该算法认为所有特征同等重要。例如，即使教育程度可能比一个人拥有的孩子数量更大限度地影响他的收入，但该算法仍然认为这两个特征同样重要。

虽然现实生活中的数据集包含的特征并不同等重要，也不相互独立，但这种算法在科学家中很受欢迎，因为该算法在大型数据集上表现出色。此外，值得一提的是，由于该算法的方法简单，其运行速度非常快，可应用于需要实时预测的问题。此外，该算法通常优于其他较为复杂的算法，所以它也经常被用于文本分类。

4.2.1　朴素贝叶斯算法的工作原理

朴素贝叶斯算法首先将输入数据转换为每个特征对应的类标签出现的概要；其次，将该概要用于计算给定的特征组合下某事件（类标签）发生的可能性；最后，将该事件的可能性与其他事件的可能性进行归一化，得到的结果是某个实例属于每个类标签的概率。概率之和必须为1，具有较高概率的类标签是该算法预测的结果。

以图4.2中的数据为例。图4.2（a）显示输入用于构建模型的算法中的数据；图4.2（b）显示的是各数据出现的次数，该算法将用其进行概率计算。

天 气	温 度	结 果
晴朗	炎热	是
晴朗	凉爽	是
降雨	寒冷	否
晴朗	炎热	否
温和	凉爽	是
温和	凉爽	是
晴朗	炎热	是
降雨	凉爽	否
降雨	寒冷	是
晴朗	炎热	是

（a）输入数据

天 气	是	否
晴朗	4	1
降雨	1	2
温和	2	0
温 度	是	否
炎热	3	1
凉爽	3	1
寒冷	1	1
总 和	是	否
	7	3

（b）出现数量

图 4.2 输入数据与出现数量

为了计算在给定一组特征时事件发生的可能性，该算法将每个给定的特征条件下事件发生概率与独立于其余特征的事件发生概率相乘，公式如图4.3所示。

$$\text{Likelihood}[A_1|E] = P[A_1|E_1] * P[A_1|E_2] * P[A_1|E_n] * P[A_1]$$

图 4.3 计算事件发生可能性的公式

这里，A_1表示某一事件（一个类标签）；E表示一组特征；E_1是其中的第1个特征；E_n是数据集中的最后一个特征。请注意，这些概率的乘法只能通过假设特征之间的独立性来实现。

用图4.3中的公式计算所有可能的结果（所有类标签），然后采用图4.4所示的公式计算所有可能结果的归一化概率。

$$P[A_1|E] = \frac{\text{Likelihood}[A_1|E]}{(\text{Likelihood}[A_1|E] + \text{Likelihood}[A_2|E] + \text{Likelihood}[A_n|E])}$$

图 4.4 事件归一化概率的计算公式

对于图4.2中的公式，给定一个天气等于晴朗且温度等于凉爽的新实例，概率的计算如

图4.5所示。

$$\text{Likelihood[yes | sunny, cool]} = \frac{4}{7} \times \frac{3}{7} \times \frac{7}{10} = 0.17$$

$$\text{Likelihood[no | sunny, cool]} = \frac{1}{3} \times \frac{1}{3} \times \frac{3}{10} = 0.03$$

$$P[\text{yes | sunny, cool}] = \frac{0.17}{0.17 + 0.03} = 0.85 \approx 85\%$$

$$P[\text{no | sunny, cool}] = \frac{0.03}{0.17 + 0.03} = 0.15 \approx 15\%$$

图 4.5 实例数据集的可能性与概率计算

查看图4.5的公式可知，得出预测结果应为yes（是）。

值得一提的是，对于连续特征，通过创建范围来完成对出现次数的概要。例如，对于价格特征，该算法可以计算价格低于100000的实例数量，以及价格高于100000的实例数量。

此外，当某个特征值与任何一个结果都无关联时，该算法可能会出现问题。问题的原因主要在于该特征条件下出现结果的概率为0，这将会影响整个计算。在前面的例子中，为了预测天气温和并且温度凉爽的天气实例的结果为否，给定的一组特征将等于0，考虑到天气温和结果为否的概率计算为0，因为天气温和且结果为否出现次数为0。

为避免这种情况，应使用拉普拉斯估计（Laplace Estimator）技术。这里，通过给分子加1来修改表示给定特征的事件发生概率的分数$P[A | E_1]$，同时还将该特征的可能值的数量加到分母中。

在该实例中，要对天气等于温和、温度等于凉爽的新实例进行预测，使用拉普拉斯估计技术执行如下操作，公式如图4.6所示。

$$\text{Likelihood[yes | mild, cool]} = \frac{3}{10} \times \frac{4}{10} \times \frac{7}{10} = 0.084$$

$$\text{Likelihood[no | mild, cool]} = \frac{1}{6} \times \frac{2}{6} \times \frac{3}{10} = 0.016$$

$$P[\text{yes | mild, cool}] = \frac{0.084}{0.084 + 0.016} = 0.84 \approx 84\%$$

$$P[\text{no | mild, cool}] = \frac{0.016}{0.084 + 0.016} = 0.16 \approx 16\%$$

图 4.6 基于拉普拉斯估计的实例数据集似然率与概率的计算

在给定温和天气的情况下，计算yes出现的分数为2/7 ～ 3/10，这是因为在分子上加1，在分母上加3（对于晴朗、温和、降雨）。在给定特征的情况下，计算事件概率的其他分数也是如此。请注意，计算独立于任何要素的事件发生概率的分数保持不变。

尽管如此，正如您到目前为止所了解的那样，scikit-learn库允许您训练模型然后将它们用于预测，而无须对数学进行硬编码。

4.2.2 练习15：朴素贝叶斯算法应用

现在将朴素贝叶斯算法应用于生育数据集，该数据集旨在确定个体的生育水平是否受其人口特征、环境条件和以前的医疗条件的影响。

> **注意：**
> 对于本章中的练习和活动，需要在系统上安装Python 3.6、NumPy、Jupyter、Pandas和scikit-learn。

（1）从以下网址下载生育数据集：http://archive.ics.uci.edu/ml/datasets/Fertility。转到链接，然后单击data Folder。单击fertility_Diagnosis.txt，然后右击并选择Save as，将其另存为.csv文件。

（2）打开Jupyter Notebook来实现这个练习。

（3）导入pandas并读取您在第（1）步中下载的.csv文件。考虑到数据集不包含标题行，请确保将等于None的参数标头添加到read_csv()函数中。

```
import pandas as pd
data = pd.read_csv("datasets/fertility_Diagnosis.csv", header=None)
```

（4）将数据拆分为X和Y，考虑在索引等于9的列下找到类标签。使用以下代码：

```
X = data.iloc[:,:9]
Y = data.iloc[:,9]
```

（5）导入scikit-learn的Gaussian Naïve Bayes类。然后，对其进行初始化并使用fit()函数利用X数据和Y数据进行模型训练。

```
from sklearn.naive_bayes import GaussianNB
model = GaussianNB()
```

```
model.fit(X, Y)
```

运行该代码得到的输出如下：

```
GaussianNB(priors=None, var_smoothing=1e-09)
```

这表明类的初始化是成功的。括号内的信息表示用于类接收的参数的值，这些参数是超参数。

例如，对于GaussianNB类，可以为模型和用于稳定方差的平滑参数设置先验概率。尽管如此，模型初始化时没有设置任何参数，这意味着它将使用每个参数的默认值，对于先验的情况是None，对于平滑超参数是1e-09。

（6）使用之前训练过的模型对每个特征为以下值的新实例执行预测：–0.33,0.69,0,1,1, 0,0.8,0,0.88。使用以下代码：

```
pred = model.predict([[-0.33,0.69,0,1,1,0,0.8,0,0.88]])
print(pred)
```

请注意，我们提供双方括号内的值，考虑到预测函数将预测值接收为一组数组，其中第1组数组对应于要预测的新实例的列表，第2组数组是指每个实例的特征列表。

从上述代码中，可以获得等于N的预测。

恭喜您！您已经成功地训练了一个朴素贝叶斯模型。

4.2.3 活动11：为人口收入普查数据集训练朴素贝叶斯模型

要在真实数据集上测试不同的分类算法，请考虑以下情形：您在银行工作，决定实施一个能够预测个人年收入的模型,并使用该信息来决定是否批准贷款。您将获得一个数据集，其中包含您已经预处理过的32561个客户的观察数据。您的工作是在数据集上构建3个不同的模型,并确定哪个模型最适合用于该案例的研究。第一个要建造的模型是朴素贝叶斯模型。使用以下步骤完成此动作。

（1）使用预处理的人口收入普查数据集，通过创建变量X和变量Y将特征与目标分离。

（2）使用10%的拆分比例将数据集划分为训练集、验证集和测试集。

> **注意：**
>
> 当从同一数据集中创建所有3个集合时，不需要创建额外的训练集—验证集来测量数据不匹配。此外，请注意，考虑到第3章中解释的百分比并非一成不变，可以尝试不同的拆分比例。即使它们运作良好，但在构建机器学习模型时，在不同层次上进行实验也很重要。

（3）导入Gaussian Naive Bayes类，然后使用fit()方法在训练集（**X_train**和**Y_train**）上训练模型。

（4）使用以前训练过的模型对每个特征为以下值的新实例执行预测：39,6,13,4,0,2174,0,40,38。对个体的预测应该等于0，这意味着该个体最有可能的收入是小于或等于50000美元。

> **注意：**
>
> 对本章中的所有活动使用相同的Jupyter Notebook，以便可以在同一数据集上执行不同模型的比较。此外，通过使用在浏览数据集期间准备的预处理好的数据来启动此活动。
>
> 有关此活动的解决方案可以在附录中找到。

4.3 决策树算法

决策树算法基于类似树状结构的序列执行分类。它的工作原理是将数据集划分为小的子集，并将其作为开发决策树节点的指南。节点可以是决策节点或叶节点，前者代表问题或决策，后者代表所做的决策或最终结果。

4.3.1 决策树算法的工作原理

考虑到决策树根据决策节点中定义的参数不断地拆分数据集，所以决策节点具有分支，其中每个决策节点可以具有两个或更多个分支。分支表示定义数据拆分方式的不同的可能答案。

例如，图4.7显示根据年龄、最高学历和当前收入得出的一个人是否具有未处理的学生贷款信息。

年龄 / 岁	最高学历	当前收入 / 美元	目 标
25	学士	0	是
32	博士	120000	是
48	硕士	120000	是
57	硕士	150000	否
29	本科	50000	否
35	博士	230000	否
69	硕士	120000	是
57	博士	250000	否
51	学士	90000	否
30	硕士	115000	是

图 4.7　学生贷款数据集

　　基于上述数据构建的可能的决策树结构如图4.8所示，其中黑框表示决策节点，箭头表示决策节点的每个答案的分支，灰框表示按照序列得到的实例结果。

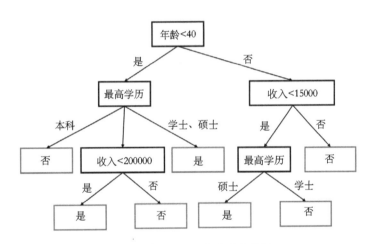

图 4.8　基于图 4.7 构建的决策树

　　执行预测时，一旦构建好决策树，模型将获取每个实例并遵循与实例特征匹配的序列，直到它到达最终叶节点。据此，分类过程从根节点（顶部的节点）开始，并沿着描述该实例的分支继续。此过程一直持续到达最终叶节点，叶节点代表该实例的预测结果。

　　例如，年龄超过40岁，收入低于15万美元且教育程度为学士的人可能没有学生贷款；因此，分配给他的类标签将是"否"。

　　决策树可处理定量特征和定性特征，对连续特征将考虑按范围处理。另外，叶节点可以处理分类型或连续型的类标签；对于分类型类标签，建立分类；对于连续型类标签，需要处理的任务是回归。

4.3.2 练习16：决策树算法应用

在下面的实例中，将决策树算法应用于生育数据集，目的是确定个体的生育水平是否受其人口学统计特征、环境条件和以前的医疗条件的影响。

（1）打开Jupyter Notebook来实现这个练习。

（2）导入pandas并读取在练习15中下载的fertility_Diagnosis数据集。考虑到数据集不包含标题行，请确保将等于None的参数标头添加到read_csv()函数中。

```
import pandas as pd
data = pd. read_csv ( "datasets / fertility_Diagnosis.csv", header =
None )
```

（3）在索引等于9的列下找到类标签，使用以下代码将数据拆分为X和Y。

```
X = data.iloc [:,:9]
Y = data.iloc [:,9]
```

（4）导入scikit-learn的DecisionTreeClassifier类。然后，对其进行初始化并使用fit()函数利用X数据和Y数据进行模型训练。

```
from sklearn.tree import DecisionTreeClassifier
model = DecisionTreeClassifier ( )
model.fit(X,Y)
```

同样，将显示运行此代码片段得到的输出。此输出通过打印模型使用的每个超参数的值来汇总定义模型的条件。

由于模型已在未设置任何超参数的情况下进行了初始化，汇总的摘要将显示每个参数使用的默认值。

（5）在与练习15相同的实例中，使用之前训练过的模型进行预测：-0.33,0.69,0,1,1,0,0.8,0,0.88。所使用的代码如下：

```
pred = model.predict ( [[-0.33,0.69,0,1,1,0,0.8,0,0.88]] )
print (pred)
```

同样，模型对实例预测的类标签应为N。

恭喜您！您已经成功地训练了一个决策树模型。

4.3.3 活动12：为人口收入普查数据集训练决策树模型

将继续构建能够预测个人年收入的模型的任务。使用相同的数据集，选择构建决策树模型。

（1）打开在活动11中使用的Jupyter Notebook。

（2）使用已经经过预处理的人口收入普查数据集，之前已将其拆分为不同子集，导入DecisionTreeClassifier类，然后使用fit()方法在训练集（X_train和Y_train）上训练模型。

（3）使用之前为新实例训练的模型来执行预测。新实例的每个特征具有以下值：39,6,13,4,0,2174,0,40,38。对个体的预测应该等于0，这意味着个人最有可能收入低于或等于50000美元。

> 注意：
> 有关此活动的解决方案可以在附录中找到。

4.4 支持向量机算法

支持向量机（SVM）算法是一种分类器，它可以找到能有效地将观察结果拆分到分类标签的超平面。首先，将每个实例定位到n维数据空间中，其中n代表特征数量。其次，它跟踪一条假想的线，该线能清楚地将属于某一类标签的实例与属于其他类标签的实例区分开。

支持向量是指给定实例的坐标。据此，支持向量机是能有效地隔离数据空间中的不同支持向量的边界。

对于二维数据空间,超平面是将数据空间分成两个部分的线,每个部分代表一个类标签。

4.4.1 支持向量机算法的工作原理

图4.9显示了一个SVM模型的简单实例。绿色点（虚线左侧）和橙色点（虚线右侧）都表示输入数据集中的实例，其中颜色定义每个实例所属的类标签。虚线表示能清楚地分隔数

据点的超平面，数据点是基于数据点在数据空间中的位置定义的。这条线用于对看不见的数据进行分类（如灰色点）。因此，位于该线左侧的新实例被分类为绿色，而右侧的新实例被分类为橙色。

特征数量越多，数据空间的维度就越多，模型的可视化表示将变得越困难。

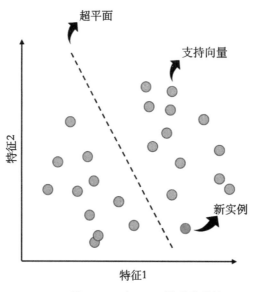

图 4.9　一个 SVM 模型的图例

尽管该算法看起来非常简单，但其绘制适当超平面的方法的复杂性也是显而易见的。这是因为该模型概括了数百例具有多重特征的观测值。

为了选择正确的超平面，该算法遵循以下规则，其中规则（1）比规则（2）更重要，而规则（2）又比规则（3）更重要。

（1）超平面必须最大化实例的正确分类。这基本上意味着最佳线是有效地分离属于不同类标签的数据点，同时又保持属于同一个类标签的数据点在一起的线。

例如，在图4.10中，虽然两线都能够将大多数实例分入正确的类标签，但是模型将选择A线作为比B线更好地分离类的线，因为B线将一个绿色实例留在了橙色实例中。

（2）超平面必须最大化其到任一类标签的最近数据点的距离，这也称为边距。此规则有助于模型变得更加健壮，这意味着模型能够泛化输入数据，从而可以有效地处理看不见的数据。此规则对于防止新实例的错误标记尤其重要。

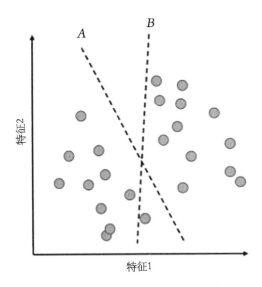

图 4.10　解释规则（1）的超平面实例

　　例如，通过查看图4.11，可以得出两个超平面符合规则（1）的结论。然而，模型最终选择了A线。因为与B线相比，A线最大化了到其最近数据点的距离。

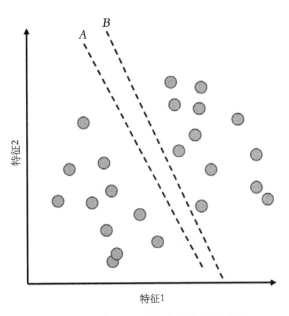

图 4.11　解释规则（2）的超平面实例

（3）如果模型的默认配置无法通过绘制直线来分隔类，则使用最终规则。

以图4.12举例，为了分隔这些观察结果，模型必须绘制圆形或其他类似的形状。该算法通过使用内核来解决这个问题，这些内核可以添加额外的特征，将数据点的分布转换为允许一条线分隔它们的形式。有几种内核可用于此目的，通过反复试验来选择其一，以便找到最能处理可用数据的内核。

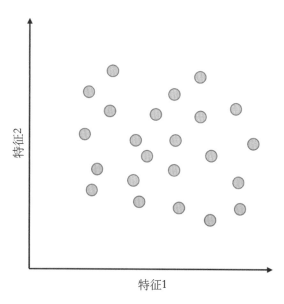

图 4.12 解释规则（3）的观测实例

但是，用于SVM模型初始设置的默认内核应该是径向基函数（RBF）内核。这主要是因为，现有的多项研究证明该内核对大多数数据问题都有效。

4.4.2 练习17：支持向量机算法应用

在本练习中，将SVM算法应用于生育数据集。该想法与之前的练习相同，目的是确定个体的生育水平是否受其人口特征、环境条件和以前的医疗状况的影响。

（1）打开Jupyter Notebook来实现这个练习。

（2）导入pandas并读取在练习15中下载的fertility_Diagnosis数据集。考虑到数据集不包含标题行，请确保将等于None的参数标头添加到read_csv()函数中。

```
import pandas as pd
data = pd.read_csv("datasets / fertility_Diagnosis.csv", header =
None)
```

（3）将数据拆分为X和Y，在索引等于9的列下找到类标签。使用以下代码：

```
X = data.iloc [:,:9]
Y = data.iloc [:,9]
```

（4）导入scikit-learn的SVC类。然后，对其进行初始化并使用fit()函数利用X数据和Y数据进行模型训练。

```
from sklearn.svm import SVC
model = SVC()
model.fit (X, Y)
```

同样，运行此代码的输出显示所创建的模型概要。此外，还会出现警告信息，指出在将来的版本中，某些超参数的默认值会发生变化。

（5）在与练习15中的相同实例中，使用之前训练过的模型进行预测：–0.33,0.69,0,1,1,0,0.8,0,0.88，所使用的代码如下：

```
pred = model.predict([[-0.33,0.69,0,1,1,0,0.8,0,0.88]])
print(pred)
```

同样，模型对实例预测的类标签应为N。
恭喜您！您已经成功地训练了SVM模型。

4.4.3 活动13：为人口收入普查数据集训练支持向量机模型

将继续进行构建能够预测个人年收入的模型的任务，需要训练的最终算法是支持向量机。
（1）打开在活动12中使用的Jupyter Notebook。
（2）使用先前拆分为不同子集的预处理的人口收入普查数据集，导入SVC类，然后使用fit()方法在训练集（X_train和Y_train）上训练模型。

103

> **注意:**
> 用fit()方法训练SVC类的过程可能需要花费一点时间。

（3）使用之前训练的模型对每个特征为以下值的新实例执行预测:39,6,13,4,0,2174,0,40,38。

对个人的预测应该等于0，也就是说，个人最有可能的收入是小于或等于50000美元。

> **注意:**
> 使用与活动12中的相同Jupyter Notebook。要获得所期望的结果，必须对数据集进行预处理。
> 有关此活动的解决方案可以在附录中找到。

4.5 错误分析

在第3章中，解释了错误分析的重要性。本节将计算在先前活动中创建的3个模型的不同评估指标，以便对它们这些模型进行比较。

请记住，评估指标的选择是根据案例研究的目的进行的。尽管如此，接下来本着学习的目的，本节将采用准确率、精确率和召回率3个指标对模型进行比较。通过这种方式，可以看出即使一个模型在某个指标上可能表现更好，但在测量另外的指标时可能会更糟，这有助于强调选择正确指标的重要性。

为了测量性能并执行错误分析，需要对不同的数据集（训练集、验证集和测试集）使用预测方法。以下代码片段提供了一种可以同时测量3个集合上的所有3个指标的简洁方法。该片段分为6段代码，其目的如下。

（1）导入使用的3个指标。

```
from sklearn.metrics import accuracy_score, precision_score,
recall_score
```

（2）创建两个列表包含将在for循环中使用的不同数据集的名称。

```
X_sets = [X_train,X_dev,X_test]
```

```
        Y_sets = [Y_train,Y_dev,Y_test]
```

(3)创建一个字典,用于保存每个模型的每组数据的各个评估指标值。

```
metrics = {
"NB":{"Acc":[ ],"Pre":[ ],"Rec":[ ]},
"DT":{"Acc":[ ],"Pre":[ ],"Rec":[ ]},
"SVM":{"Acc":[ ],"Pre":[ ],"Rec":[ ]}
    }
```

(4)创建一个for循环,它将从0开始变为在第1步中创建的列表的长度值。这样做是为了确保在3组数据上执行预测和性能计算。

```
for i in range(0,len(X_sets)):

    pred_NB = model_NB.predict(X_sets[i])
    metrics["NB"]["Acc"].append(accuracy_score(Y_sets[i], pred_NB))
    metrics["NB"]["Pre"].append(precision_score(Y_sets[i], pred_NB))
    metrics["NB"]["Rec"].append(recall_score(Y_sets[i], pred_NB))
```

第1行使用在前面章节中构建的朴素贝叶斯模型对一组数据执行预测。然后,通过将基准数据与先前计算的预测数据进行比较,完成3个评估指标的计算,计算将附加到先前创建的字典中。

(5)执行与步骤(4)相同的计算,但改为使用决策树模型。

```
    pred_tree = model_tree.predict(X_sets [i])
    metrics ["DT"] ["Acc"].append(accuracy_score(Y_sets [i],
pred_tree))
    metrics ["DT"] ["Pre"].append(precision_score(Y_sets
[i],pred_tree))
    metrics ["DT"] ["Rec"].append(recall_score(Y_sets
[i],pred_tree))
```

(6)同样,使用SVM模型执行与步骤(5)相同的计算。

```
pred_svm = model_svm.predict(X_sets[i])
metrics["SVM"]["Acc"].append(accuracy_score(Y_sets[i], pred_svm))
metrics["SVM"]["Pre"].append(precision_score(Y_sets[i], pred_svm))
metrics["SVM"]["Rec"].append(recall_score(Y_sets[i], pred_svm))
```

使用上述代码片段，得到的结果如图4.13所示。

		朴素贝叶斯	决策树	支持向量机
准确率	训练集	0.7973	0.9778	0.9108
	验证集	0.7910	0.8140	0.8086
	测试集	0.8087	0.8286	0.8182
精确率	训练集	0.6696	0.9875	0.8945
	验证集	0.6797	0.6313	0.7177
	测试集	0.6903	0.6332	0.7047
召回率	训练集	0.3132	0.9198	0.7139
	验证集	0.2970	0.6009	0.3761
	测试集	0.3210	0.6287	0.3751

图 4.13　3个模型的性能表现

最初，关于选择最佳拟合模型以及每个模型所处条件的不同推论，是在仅考虑准确率指标以及假设贝叶斯错误接近于0（意味着模型可以达到的最大成功率接近于1）的情况下进行。

● 比较朴素贝叶斯模型的3个准确率得分可以得出结论：模型在所有3个数据集上的表现几乎相同。这基本上意味着该模型正在泛化来自训练集的数据，这使得它能够在未见的数据上表现出色。尽管如此，该模型的整体表现约为0.8，远远低于最大成功率。

● 此外，决策树模型和SVM模型在训练集上的准确率方面的性能更接近最大成功率。然而，考虑到模型在验证集上的准确率水平远低于在训练集上的表现，两个模型都面临过拟合的情况。根据这一点，可以通过在训练中添加更多数据或通过微调模型的超参数来解决过拟合问题，这将有助于提高验证集和测试集的准确率水平。

● 为了选择对数据拟合最好的模型，需要对比在测试集上获得的指标值。如前所述，该值用于确定模型在新数据上最可能的整体性能。考虑到这3个模型在测试集上的准确率水平相似，因此适合通过微调超参数来解决与模型过拟合相关的问题，以验证测试集的准确率是否可以更接近1。

对此，研究人员现在拥有选择模型和努力改进结果以获得模型的最大可能性能所需的信息。

接下来，出于学习目的，让我们比较决策树模型的3个评估指标。尽管这3个度量指标的值都表明存在过拟合现象，但可以观察到精确率和召回率的过拟合程度要大得多。此外，可以得出结论，模型在训练集上测得的召回率指标要低得多，这说明该模型在正分类标签方面表现不是很好。这也意味着，如果案例研究的目的是最大化正分类的数量，无论负分类标签如何，模型都需要大幅度改进。

> **注意：**
> 上述文字比较表明，若采用不同的评估指标进行测量，相同模型的性能可能会有所不同。因此，为案例研究选择相关指标至关重要。

利用从前面章节中所学到的知识，可以继续探索图4.13所示的结果。

4.6 小结

利用前面章节中的知识，本章首先对人口收入普查数据集进行分析，目的在于了解可用数据并对预处理过程做出决策。介绍了3种监督学习分类算法：朴素贝叶斯算法、决策树算法和支持向量机算法，并将算法应用于先前预处理好的数据集，创建可泛化到训练数据集的模型。最后，通过计算不同数据集（训练集、验证集和测试集）上的准确率、精确率和召回率，比较了3种模型在人口收入普查数据集上的表现。

在第5章将介绍人工神经网络（ANN）及其不同类型，以及各自的优缺点。还将使用ANN来解决本章所讨论的数据问题，并与其他监督学习算法进行性能比较。

第 5 章

人工神经网络：预测年收入

学习目标

在本章结束时，您将能够：

● 解释神经网络的概念。

● 描述前向传播和反向传播的过程。

● 使用神经网络解决监督学习分类问题。

● 通过错误分析，分析神经网络的结果。

本章阐述了神经网络算法对数据集的实现，以便创建一个能够预测未来结果的模型。

近年来，在人工智能领域人们一直关注着人工神经网络（ANN）的概念，也被称为多层感知器，主要是因为他们提出了一种复杂的算法，几乎可以处理任何具有挑战性的数据问题。尽管该理论是在几十年前发展起来的，但自20世纪40年代以来，由于可收集大量数据技术的改进以及计算机基础设施的发展（允许对包含大量数据的复杂算法进行训练），网络变得越来越流行。

因此，本章将重点介绍人工神经网络及其不同类型，以及它们所呈现的优缺点。此外，将使用一个神经网络来解决与第4章讨论的相同的数据问题，以便与其他监督学习算法进行比较，体现出神经网络的性能差异。

5.1　人工神经网络

尽管有几种机器学习算法可用于解决数据问题，正如我们已经说过的，由于人工神经网络能够在大型和复杂的数据集中找到人类无法解释的模式，因此在数据科学家之间越来越流行。

这个名称中的"神经"是指模型结构与人脑的相似之处。这一部分是为了复制人类从历史数据中学习的能力，将数据从神经元传输到神经元，直到得到结果。

如图5.1所示为一个人类神经元，其中A代表接收其他神经元输入信息的树突；B代表处理信息的神经元的核；C代表负责将处理过的信息传递给下一个神经元的过程的轴突。

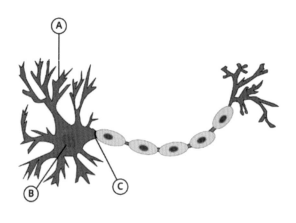

图 5.1　人类神经元的图形表示

此外，"人工"是指模型的实际学习过程，其主要目的是使模型误差最小化。这是一个人工学习的过程，考虑到没有真正关于人类神经元如何处理接收信息的证据，因此，该模型依赖于将输入映射到所需输出的数学函数。

5.1.1 它们是如何工作的

在深入研究人工神经网络的过程之前，先看看它的主要组成部分。

● **输入层**：也称为X，因为它包含了数据集中所有的数据（每个实例及其特征）。
● **隐藏层**：该层负责处理输入数据，以便寻找对预测有用的模式。神经网络可以根据需要有任意多个隐藏层，每个隐藏层都有任意多个神经元（单元）。第1层负责最简单的模式，最后一层则搜索更复杂的模式。

隐藏层使用一组表示权重和偏差的变量，来帮助训练网络。权重和偏差的值作为每次迭代中变化的变量，使预测值逼近真实值。这将在稍后解释。

● **输出层**：也称为Y_hat。这一层是模型基于从隐藏层接收到的数据做出的预测。这里的预测表现为概率的形式，其中，具有较高概率的类别标签被选择作为预测值。

图5.2展示了前三层的架构。

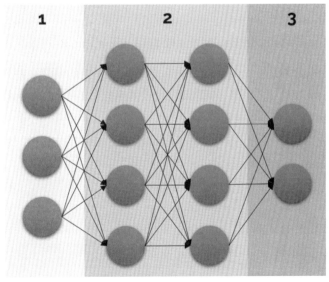

图 5.2　ANN 的基本架构

以汽车零部件的制造过程为例。这里，输入层由原材料组成，在本例中可能是铝。这个过程的初始步骤包括抛光和清洗材料，可以看作前两层隐藏层。接下来，弯曲材料以达到汽车零件的形状，由较深的隐藏层处理。最后，将零件传递给客户端，客户端可以认为是输出层。

考虑到这些步骤，制造过程的主要目标是实现最后一个部分，它与这个过程所要建立的部分有很大的相似之处，也就是说，输出Y_hat应该最大限度地与Y（实际值）相似。这样这个模型才会被认为与数据很好地匹配。

训练人工神经网络的实际方法是一个迭代过程，包括以下步骤：前向传播、成本函数的计算、反向传播以及权重和偏差更新，一旦权重和偏差被更新，这个过程将再次启动，直到满足集合迭代的次数为止。

下面详细研究迭代过程的每个步骤。

1. 前向传播

输入层将初始信息提供给ANN。数据的处理是通过在深度（隐藏层的数量）和宽度（每层的单位数）中传播数据位来完成的。信息在每一层使用线性函数处理，再加上一个激活函数，目的是将其变为非线性。公式如图5.3所示。

$$Z_1 = W_1 * X + b_1$$

$$A_1 = \sigma\left(Z_1\right)$$

图 5.3 ANN 使用的线性函数和激活函数

在这里，W_1、b_1分别是一个矩阵与一个包含权重和偏差的向量，并且作为变量，可以通过迭代更新来训练模型。Z_1是第1个隐藏层的线性函数；A_1是将激活函数（由sigma符号表示）应用到线性函数之后得到的结果。

前两个公式分别针对每一层进行计算，其中隐藏层（第1层之外的）的X值被前一层（A_n）的输出所替换。公式如图5.4所示。

$$Z_2 = W_2 * A_1 + b_2$$

$$A_2 = \sigma\left(Z_2\right)$$

图 5.4 ANN 的第 2 层的计算值

最后一个隐藏层的输出被送入输出层，其中，线性函数与激活函数一起再次计算。这一层的结果将与真实值进行比较，以便在进入下一次迭代之前评估该算法的性能。

第1次迭代的权值在0和1之间随机初始化，而偏差值最初可以设置为0。一旦运行第1次迭代，则权值将被更新，流程可以重新启动。

激活函数可以是不同的类型。一些最常见的函数有修正线性单元（ReLU）、双曲正切（tanh）、Sigmoid和Softmax。

2. 成本函数

考虑到训练过程的最终目标是基于一组给定的数据建立一个模型，通过比较预测值（Y_hat）和实际值（Y）之间的差异来衡量模型估计X与Y之间关系的能力是非常重要的。这是通过计算成本函数（也称为**损失函数**）确定模型的预测有多糟糕来实现的。计算每次迭代的成本函数来度量模型在迭代过程中的进度，目的是找出一对权重和偏差的值使成本函数最小。

对于分类任务，最常用的成本函数是**交叉熵成本函数**，其中，成本函数的值越高，预测值与实际值之间的差异就越大。

对于二分类任务，交叉熵成本函数计算如图5.5所示。

$$\cos t = -\left(y * \log \left(y_{\text{hat}} \right) + \left(1 - y \right) * \log \left(1 - y_{\text{hat}} \right) \right)$$

图 5.5　交叉熵成本函数

这里，y可以是1或者0（两个类标签中的一个）；y_{hat}是用该模型计算的概率，取log为自然对数。

对于一个多分类任务，公式如图5.6所示。

$$\cos t = -\sum_{c=1}^{M} y_c * \log \left(y_{\text{hat,c}} \right)$$

图 5.6　多分类任务的成本函数

这里，c表示一个类标签；M表示类标签的总数。

一旦计算出成本函数，模型就会继续进行并执行反向传播步骤，稍后将对此进行解释。此外，对于回归问题，成本函数将是RMSE，这在第3章中已经进行了解释。

3. 反向传播

为了加快学习进度，将反向传播过程作为神经网络训练过程的一部分进行了介绍。它基本上包括计算成本函数相对于网络上的权重和偏差的偏导数，其目的是通过改变权重和偏差使成本函数最小化。

考虑到权重和偏差并不直接包含在成本函数中，使用链式法则将误差从成本函数反向传播，直到它到达网络的第1层。然后计算各阶导数的加权平均值作为更新权重和偏差的值，再进行新的迭代。

有几种算法可以用来执行反向传播，但是最常见的是**梯度下降**。梯度下降法是一种优化算法，它试图找到某个函数的局部或全局最小值，在这种情况下，它就是成本函数。它通过确定模型移动的方向来减少误差。

例如，图5.7显示了一个通过不同迭代的人工神经网络训练过程的实例，其中反向传播的任务是确定权重和偏差应更新的方向，以便可以继续将误差最小化，直到它变为每个最小点。

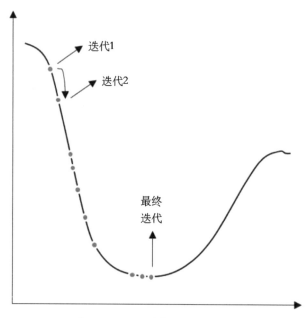

图 5.7　ANN 训练的迭代过程实例

需要强调的是，反向传播并不总是能找到全局极小值，因为它一旦到达斜率的最低点就停止更新，不考虑其他区域。以图5.8为例。虽然与左右侧的点相比，这三个点都可以被认为是最小点，但其中只有一个是全局极小值。

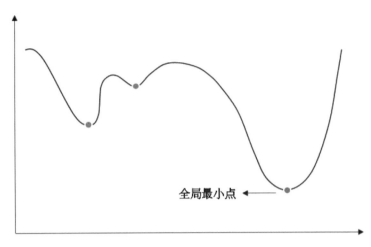

图 5.8 全局最小点的实例

4. 权重和偏差更新

利用反向传播期间计算的导数平均值，迭代的最后一步是更新权重和偏差的值。此过程使用如图5.9所示的公式完成。

$$New\ weight = old\ weight - derivative\ rate * learning\ rate$$

$$New\ bias = old\ bias - derivative\ rate * learning\ rate$$

图 5.9　权重和偏差更新的迭代公式

这里，旧的值是用来执行前向传播步骤的值，导数率是从反向传播步骤得到的值，与权重和偏差不同，学习率是一个常数，用来抵消导数率的影响，使权重和偏差的变化小而平稳。事实证明，这有助于更快地达到最小点。

一旦权重和偏差被更新，整个过程就会重新开始。

5.1.2　理解超参数

超参数，是可以进行微调以提高模型准确率的参数。对于神经网络，超参数可以分为两大类：一类是改变网络结构的超参数；另一类是改变训练过程的超参数。

建立神经网络的一个重要环节是通过执行错误分析和处理有助于解决影响网络条件的

超参数来微调超参数的过程。一般来说，当网络出现高偏差时，通常可以通过建立更大的网络或进行更长时间的训练来处理。当网络出现高方差时则可以通过增加更多的训练数据或引入正则化技术减小方差。

考虑到训练神经网络时可以改变的超参数的数量很大，下面将解释最常用的参数。

1. 隐藏层和单元的数量

如前所述，隐藏层的数量和每个层中的单元数量可由研究人员设定。同样，选择这个数字没有确切的科学依据，相反，这个数字的选择是测试不同近似值的微调过程的一部分。

尽管如此，在选择隐藏层的数量时，一些数据科学家倾向于选择一种训练多个网络的方法，且每个网络都有一个额外的层。误差最小的模型是隐藏层数目合适的模型。不幸的是，这种方法并不总是有效。因为即使忽略超参数，更复杂的数据问题也并不能通过简单地改变隐藏层的数量来真正显示性能上的差异。

另外，可以使用几种技术来选择隐藏层中的单元数量。数据科学家通常会根据类似的研究论文来选择这两个超参数的初始值。这意味着一个好的起点是复制其他已经成功用于类似领域项目的网络体系结构，然后，通过错误分析对超参数进行微调，从而提高性能。

尽管如此，就研究活动而言，考虑更深层次的网络(有许多隐藏层的网络)的性能优于更广泛的网络(每层有许多单元的网络)的性能是很重要的。

2. 激活函数

如前所述，激活函数被用来引入非线性模型，在此进程中应该考虑激活函数的选择。传统上，所有的隐藏层都使用ReLU和双曲正切激活函数，其中ReLU是最受数据科学家欢迎的一个函数。

另外，输出层应该使用Sigmoid和Softmax激活函数，因为它们是以概率的形式输出。此外，Sigmoid激活函数多被用于二分类问题，因为它只输出两个类标签的概率，而Softmax激活函数可用于二分类或多分类问题。

3. 正则化

正则化是一种在机器学习中用来修正模型过拟合的技术，这意味着这个超参数主要在严格要求的情况下是最常用的，其主要目的是提高模型的泛化能力。

正则化技术有多种，但最常见的是L1正则化、L2正则化和dropout正则化技术，scikit-learn的多层感知器分类器只支持L2正则化。对三种正则化形式的简要说明如下。

● L1正则化和L2正则化技术在成本函数中添加了一个正则化项，作为惩罚一些可能影响模型性能的高权重的一种方法。这些方法的主要区别在于L1正则化项是权值的绝对值,L2正则化项是权值的平方。对于常规数据问题,L2正则化已被证明是较好的。而L1正则化主要用于特征提取任务,因为它创建了稀疏模型。

● dropout正则化是指模型能够删除一些单元,以便在迭代的某个步骤中忽略它们的输出,从而简化神经网络。dropout值的取值范围为0 ~ 1,表示将被忽略的单元的百分比。在每个迭代步骤中,被忽略的单元是不同的。

4. 批量大小

在构建神经网络期间要调优的另一个超参数是批量大小。是指在一次迭代过程中向神经网络提供的训练样本数目,这些训练样本将用于在网络中执行前向传播和反向传播。对于下一次迭代,将使用一组新的训练样本。

该技术还有助于提高模型对数据的泛化能力,因为在每次迭代中,都会输入新的训练样本组合,这在处理过拟合的模型时非常有用。

> **注意:**
> 根据多年的研究结果,一个较好的做法是设置批量大小等于2的平方数。一些常见的值是32、64、128和256。

5. 学习率

如前所述,引入学习率有助于确定模型在每次迭代中达到局部或全局最小值所需步骤的大小。学习率越低,网络的学习过程越慢,越容易得到更好的模型;相反,学习率越高,模型的学习过程就越快,但是可能导致模型不收敛。

> **注意:**
> 默认的学习率值通常设置为0.001。

6. 迭代次数

如前所述,神经网络是通过迭代过程训练的,因此,有必要设置模型将要执行的迭代次数。设置理想迭代次数的最佳方法是从低位开始,范围为200 ~ 500,并在每次迭代的成本函数图显示一条递减线的情况下增加迭代次数。迭代次数越多,训练一个模型需要的时间就越长。

此外，增加迭代次数是一种已知的处理不完善的网络的技术。这是因为它给了网络更多的时间去寻找正确的权重和偏差来泛化到训练数据。

5.1.3　应用程序

随着时间的推移，由于神经网络的普及，除了前面的体系结构之外，还出现了一些新的体系结构。其中最流行的是卷积神经网络，它可以用滤波器作为层来处理图像；循环神经网络，用于处理文本翻译等数据序列。

因此，神经网络的应用已经扩展到从简单到复杂的几乎所有的数据问题中。神经网络能够在非常大的数据集（用于分类任务或回归任务）中找到模型，它们还因有效地处理具有挑战性的问题而闻名，如创造自动驾驶汽车、聊天机器人、人脸识别等。

5.1.4　局限性

神经网络训练的一些局限性如下。

● 训练过程需要时间。不管使用什么超参数，它们通常都需要时间来收敛。
● 为了更好地工作，它们需要非常大的数据集。神经网络适用于较大的数据集，因为它们的主要优势是能够在数百万个值中找到一种模型。
● 它们被认为是一个黑盒，因为其不了解网络是如何得出结果的。虽然训练过程背后的数学是明确的，但不可能知道模型在接受训练时所做的假设。
● 硬件需求很大。问题的复杂性越大，硬件需求越大。

虽然ANN几乎可以应用于任何数据问题，但由于其局限性，在处理更简单的数据时，测试其他算法会是一个很好的实践。这一点很重要，因为将神经网络应用于可以通过简单模型解决的数据问题，会使成本大于收益。

5.2　应用人工神经网络

知道了人工神经网络的组成以及训练模型和预测的不同步骤之后，下面使用scikit-

118

learn库训练一个简单的网络。

在本节中，scikit-learn的神经网络模块将使用第4章的数据集（人口收入普查数据集）来训练网络。重要的是，对于神经网络来说，scikit-learn并不是最适合神经网络的库，因为它目前不支持多种类型的神经网络，其在深度网络上的性能不如其他神经网络专业库（如TensorFlow）。

scikit-learn中的神经网络模块目前支持用于分类的多层感知器、用于回归的多层感知器和受限的Boltzmann机器架构。考虑到本案例的研究包含一个分类任务，将使用多层感知器进行分类。

5.2.1　scikit-learn 的多层感知器

多层感知器（MLP）是一种监督学习算法，顾名思义，它使用多个层（隐藏层）来学习将输入值转换为输出值以用于分类或回归的非线性函数。正如前面解释的，一个层的每个单元的工作是通过计算线性函数，然后应用激活函数来转换从上一层接收到的数据。

需要指出的是，MLP具有非凸损失函数，表示可能存在多个局部极小值。这意味着权重和偏差的不同的初始化将导致产生不同的训练模型，这反过来表示不同的准确率水平。

scikit-learn中的多层感知器分类器大约有20种与体系结构或学习过程相关的超参数，可以通过改变这些超参数来修改网络的训练过程。幸运的是，这些超参数都设置了默认值，这允许我们在不使用超参数的情况下运行第1个模型，而不必付出很多努力。该模型的结果可以用于根据需要对超参数进行调优。

要训练多层感知器分类器，需要输入两个数组：首先输入包含训练数据维数的X输入（n_samples, n_features），然后输入维数的Y输入（n_sample），包含每个样本的标签值。

与在第4章中看到的算法类似，采用拟合方法训练模型，然后利用训练模型上的预测方法进行预测。

5.2.2　练习 18：多层感知器分类器的应用

在本练习中，将学习如何训练scikit-learn的多层感知器来解决一个分类任务。

> **注意：**
>
> 对于本章中的练习和活动，需要在系统上安装Python3.6、NumPy、Jupyter、Pandas
> 和scikit-learn。

（1）打开Jupyter Notebook来实现这个练习。

（2）使用第4章中的生育数据集，导入pandas并读取.csv文件。考虑到数据集不包含标题行，请确保将等于None的**参数标头**添加到read_csv()函数中。

```
import pandas as pd
data = pd.read_csv("datasets/fertility_Diagnosis.csv", header=None)
```

（3）将数据集拆分为X集和Y集，以便将特征数据从标签值中分离出来。

```
X = data.iloc[:,:9]
Y = data.iloc[:,9]
```

（4）从neural_network模块中导入**MLPClassifier**，用拟合方法训练模型。初始化模型时，保留所有超参数的默认值，但添加一个等于101的**random_state**来确保您得到的结果与本练习中显示的结果相同。

```
from sklearn.neural_network import MLPClassifier
model = MLPClassifier(random_state=101)
model = model.fit(X, Y)
```

（5）处理运行fit()方法后出现的警告如图5.10所示。

```
/home/daniel/Desktop/VirtualEnvs/explore_data/lib/python3.6/site-packages/sklearn/neural_network/multilayer_perceptron.p
y:562: ConvergenceWarning: Stochastic Optimizer: Maximum iterations (200) reached and the optimization hasn't converged
yet.
  % self.max_iter, ConvergenceWarning)
```

图 5.10　运行 fit() 方法后显示警告消息

如您所见，警告指定在运行默认的迭代次数（200次）之后，该模型还没有达到收敛。为了解决这个问题，尝试更高的迭代值，直到警告不再出现。若要更改迭代次数，请在模型初始化期间在括号内添加**max_iter**等于所需的参数值。

```
model = MLPClassifier(random_state=101, max_iter =1200)
```

```
model = model.fit(X, Y)
```

此外，警告下方的输出解释了用于多层感知器的所有超参数的值。

（6）使用之前训练的模型对每个新样本执行一个预测，每个新样本的每个特征的值为-0.33,0.69,0,1,1,0,0.8,0,0.88。

使用以下代码。

```
pred = model.predict([[-0.33,0.69,0,1,1,0,0.8,0,0.88]])
print(pred)
```

模型的预测结果等于N，也就是说，该模型预测具有特定特征的人有一个正常诊断。

恭喜您！您已经成功地训练了一个多层感知器模型。

5.2.3　活动14：为人口收入普查数据集训练多层感知器

为了比较第4章中训练的算法的性能和神经网络的性能，对于此活动，将继续使用先前下载的人口收入普查数据集。考虑以下情况：您的公司不断地为员工提供一本书来提高他们的能力，而您最近已经了解了神经网络及其能力。您决定构建一个网络来对前面给出的数据集建模，以便测试神经网络是否更善于根据人口统计数据预测一个人的收入。

> **注意：**
> 使用第4章的预处理数据（人口收入普查数据集）开始此活动。这意味着所有不相关的特征都必须被删除，并且必须将定量特征转换为数值形式；否则，活动的结果可能与解决方案部分中显示的结果不同。

按照以下步骤完成此活动。

（1）使用预处理的人口收入普查数据集，将特征与目标分离，创建变量X和变量Y。

（2）使用10%的拆分比例将数据集拆分为训练集、验证集和测试集。根据人口统计数据预测一个人的收入。

> **注意：**
> 在执行数据集拆分时，请记住继续使用等于101的random_state，以便设置一个种子，确保每次代码运行时都得到相同的结果。

（3）从neural_network模块中导入多层感知器分类器类，进行初始化，用训练数据对模型进行训练。

保留所有超参数的默认值。同样，random_state = 101。

（4）用超参数的默认值训练模型后，处理可能出现的任何警告。

（5）为训练集、验证集和测试集计算模型的准确率。

> **注意：**
> 有关此活动的解决方案可以在附录中找到。

这三组的准确率评分如下：

```
训练集 = 0.8342
验证集 = 0.8111
测试集 = 0.8252
```

5.3　性能分析

在下一小节中，将首先使用准确率度量作为工具来进行错误分析，以确定对算法性能影响较大的条件。一旦模型被诊断出来，就可以调整超参数以提高算法的整体性能。为了确定神经网络是否优于其他模型，将比较最终的模型与第4章建立的模型。

5.3.1　错误分析

使用活动14中计算的准确率评分，可以计算每个集合的错误率并进行比较，以诊断影响模型的条件。考虑到第4章其他模型的准确率均能达到97%以上，假设贝叶斯错误为1%，得出结果如图5.11所示。

> **注意：**
> 记住，为了检测影响网络的条件，有必要取一个错误率并从中减去高于该错误率的值。最大的正向差别是用来诊断模型的差异。

	准确率	错误率	差　异
贝叶斯错误		0.01	
训练集	0.8342	0.1658	0.1558
验证集	0.8111	0.1889	0.0231
测试集	0.8252	0.1748	-0.0141

图 5.11　网络的准确率和错误率

从"差异"一栏可以明显看出，训练集的错误率与贝叶斯错误之间存在最大的差异。基于此，可以得出这样的结论：该模型存在高偏差，正如在前几章中所解释的那样，可以通过使用一个更大的网络或训练较长的时间（较高的迭代次数）来解决。

5.3.2　超参数微调

通过错误分析，有可能确定网络存在较大的偏差。这是非常重要的，因为它指出了需要采取的行动，从而使模型的性能得到较大的提高。

考虑到迭代次数和网络大小（层数和单元数量）应该使用反复实验的方法来改善，我们将进行如图5.12所示的实验。

	默认值	实验1	实验2	实验3
迭代次数	200	500	500	500
隐藏层数	1	1	2	3
每层单元数	100	100	100,100	100,100,100

图 5.12　建议优化超参数的实验

> **注意：**
> 由于实验的复杂性，有些实验的运行时间可能会很长。例如，实验3将比实验2花费更长的时间。

这些实验背后的思想是能够测试不同的值，以确定是否可以实现改进。如果通过这些实验所取得的改善是显著的，则应该考虑进一步的实验。

类似于将random_state参数添加到多层感知器的初始化，可以实现迭代次数和网络大小的变化。实验3的值如下：

```
from sklearn.neural_network import MLPClassifier


model = MLPClassifier(random_state=101, max_iter = 500,
hidden_layer_sizes=(100,100,100))


model = model.fit(X_train, Y_train)
```

> **注意：**
> 要找到用于更改每个超参数的术语，请访问scikit-learn的MLPClassifier页面：http://scikit-learn.org/stable/modules/generated/sklearn.neural_network.MLPClassifier.html。

可以在上述代码片段中看到，参数max_iter用于设置在网络训练期间要运行的迭代次数。另外，参数hidden_layer_sizes用于设置隐藏层的数量和每层中单元的数量。例如，在前面的实例中，通过设置参数为(100,100,100)，网络架构由三个隐藏层组成，每层有100个单元。当然，该体系结构还包括所需的输入层和输出层。

图5.13显示了上述实验的准确率。

	初始模型	实验1	实验2	实验3
训练集	0.8342	0.8342	0.8406	0.8297
验证集	0.8111	0.8111	0.8166	0.8043
测试集	0.8252	0.8252	0.8375	0.8231

图 5.13　所有实验的准确率评分

> **注意：**
> 请记住，调整超参数的主要目的是减少训练集与贝叶斯错误的差异，这就是为什么大部分分析只考虑这个值的原因。

通过对实验准确率评分的分析，可以得出超参数的最佳配置是在实验2中使用的配置的这个结论。此外，可以得出这样的结论，对于迭代次数或隐藏层数，尝试其他值是没有意义的，因为增加迭代次数不会影响算法的性能，而增加3个隐藏层会降低网络的性能。

不过，为了测试隐藏层的宽度，将考虑下列实验：对迭代次数和隐藏层数使用选定的值，但更改每个层中的单元数量，具体设置如图5.14所示。

	初始模型（实验2）	实验1	实验2	实验3	实验4
迭代次数	500	500	500	500	500
隐藏层数	2	2	2	2	2
每层单元数量	100,100	50,50	150,150	25,25	175,175

图 5.14　建议的改变网络宽度的实验

这里，前两个实验是预先设计好的，另外两个是在发现前两个实验的性能后设计的。接下来，给出了所有4个实验的准确率评分（见图5.15），然后解释了它们背后的逻辑。

	初始模型（实验2）	实验1	实验2	实验3	实验4
训练集	0.8406	0.8412	0.8508	0.8159	0.8807
验证集	0.8166	0.8191	0.8289	0.8022	0.8375
测试集	0.8375	0.8391	0.8504	0.8225	0.8483

图 5.15　第 2 轮实验的准确率评分

虽然前两次实验的准确率有所提高，但实验结果表明每层使用150个单元可以取得更好的效果。实验3测试了每层更小的单元数量是否会继续改善结果，但事实并非如此。此外，实验4使用了更多的单元进行测试，这些单元对于训练集和验证集都返回了更高的结果，但是对于测试集却没有。

通过对这些值的观察，可以得出实验2的性能在测试集方面是最高的，这给我们留下了一个迭代500步的网络：一个输入和输出层、两个隐藏层、每个层150个单元。

注意：

没有理想的方法来测试超参数的不同配置。要考虑的唯一重要的事情是，焦点要放

> 在那些可以解决影响网络条件的超参数上。如果愿意的话，可以尝试更多的实验。

考虑到三组实验2计算错误率的准确率评分，最大的差异仍然是训练集错误和贝叶斯错误。考虑到训练集的错误不能接近最小的可能错误，这意味着该模型可能不是最适合该数据集的模型。

5.3.3　模型比较

当训练了多个模型时，创建模型过程的最后一步是模型之间的比较，以便选择一种通用的方式来代表训练数据的模型，从而更好地处理不可见数据。

如前所述，必须仅使用所选择的度量指标来度量数据问题模型的性能。这一点很重要，因为一个模型对每个度量的执行情况可能不同，因此应该选择具有理想度量的性能最大化的模型。

尽管可以所有三组数据（训练集、验证集和测试集）计算度量，以便能够执行错误分析，但在大多数情况下，应通过对测试集的结果进行优先排序来进行比较和选择。这主要是出于测试集的目的考虑的，训练集用来创建模型，验证集用于微调超参数，最后测试集来衡量模型对不可见数据的总体性能。

考虑到这一点，在对所有模型尽可能地改进之后，在测试集上具有较高性能的模型，将成为对不可见数据表现最好的模型。

5.3.4　活动15：比较不同模型以选择最适合人口收入普查数据问题的方法

考虑以下场景：使用可用的数据训练了4个不同的模型之后，分析这些模型，以选择最适合该案例研究的模型。

> **注意：**
> 下面的活动主要是分析性的，使用第4章中的活动以及本章中的活动所获得的结果。

按照以下步骤来比较模型的不同。

（1）打开用来训练模型的Jupyter Notebook。

（2）比较这4个模型，只看它们的准确率得分。请填写图5.16中的详细信息。

	朴素贝叶斯	决策树	支持向量机	多层感知器
训练集				
验证集				
测试集				

图 5.16 人口收入普查数据集的 4 个模型的准确率得分

在准确率评分的基础上，找出性能最好的模型。

> **注意：**
> 有关此活动的解决方案可以在附录中找到。

5.4 小结

本章主要研究人工神经网络(尤其是多层感知器)，由于其能够处理高度复杂的数据问题的能力(这些数据问题通常有非常大的数据集，其模式是人类肉眼无法观察到的)，而在机器学习领域变得越来越重要。其主要目的是通过使用数学函数处理数据来模拟人脑的结构。

用于训练人工神经网络的过程包括一个前向传播过程、一个成本函数的计算、一个反向传播过程以及帮助将输入值映射到输出值的不同权重和偏差的更新。

除了权重和偏差的变量外，人工神经网络还有多个可以调节以提高网络性能的超参数，这可以通过修改算法的体系结构或训练过程来实现。一些流行的超参数包括网络大小(就隐藏层和单元而言)、迭代次数、正则化项、批量大小以及学习率。

一旦涵盖了这些概念，就可以创建一个简单的网络来处理第4章介绍的人口收入普查数据集问题，并通过执行错误分析，对网络的一些超参数进行了精细的调整，以提高网络的性能。

第6章

建立自己的程序

学习目标

在本章结束时，您将能够：

- 解释构建一个综合项目所涉及的关键阶段。
- 保存一个模型，以便每次运行时得到相同的结果。
- 调用一个保存的模型，用它来预测不可见的数据。
- 创建一个交互式版本的程序，这样任何人都可以有效地使用它。

本章介绍了使用机器学习解决问题所需的所有步骤。

在前几章中讨论了机器学习的主要概念，首先介绍了两种主要学习方法(监督学习和无监督学习)之间的区别；其次讨论了一些在数据科学家社区中最流行的算法的细节。

本章将讨论建立完整的机器学习程序的重要性，而不仅仅是训练模型。这将涉及把模型带到下一个层次，以方便访问和使用它们。

当在团队中工作时，这一点尤其重要，无论为了工作还是为了研究，它可以使团队的所有成员在不完全理解模型的情况下使用该模型。

6.1　项目的定义

本节将介绍构建一个全面的机器学习程序所需的关键阶段，该程序可以轻松地访问经过训练的模型，以便对所有未来数据进行预测。这些阶段将被应用到一个关于允许银行确定金融产品促销策略的市场活动项目的构建。

6.1.1　制定计划：关键阶段

此时，您应该能够对数据集进行预处理，使用训练数据构建不同的模型，并比较这些模型，选择出最适合当前数据的模型。这些是在构建程序的前两个阶段中处理的一些过程，这些过程将最终创建模型。尽管如此，程序还应该考虑保存最终模型的过程，以及不需要编码就可以执行快速预测的能力。

刚才讨论的过程分为三个主要阶段，这些阶段代表了任何一个机器学习项目的首要需求，下面分别进行阐释。

1. 准备

准备工作包括目前为止我们开发的所有程序，目的是根据一些可用的信息和期望的结果概述项目。以下是这一阶段的三个过程的简要描述(这些在前几章已经详细讨论过)。

(1)数据挖掘。一旦确定了研究的目标，就要进行数据挖掘，以便了解现有的数据并获得有价值的处理想法。这些想法将在以后用于对数据的预处理和拆分以及模型的选择等方面的决策。在数据挖掘过程中最常见的信息包括数据的大小(实例和特征的数量)、不相关的特征以及是否存在缺失值或明显的异常值。

(2)数据预处理。如前所述,数据预处理主要是指处理缺失值、异常值和噪声数据的过程。

将定性特征转化为数字形式,并将这些值标准化或规范化。此过程可以在任何数据编辑器(如Excel)中手动完成,也可以使用库对过程进行编码。

(3)数据拆分。这一过程包括将整个数据集拆分成两个或三个集合(取决于所用的方案),用于训练、验证和测试模型的整体性能。同时在此阶段还将处理特征和类别标签的分离。

2. 创建

创建阶段包括创建适合可用数据的模型所需的所有步骤。可以通过选择不同算法,对它们进行训练和调优,比较每种算法的性能,最后选择对数据进行最佳概括的算法(这意味着它可以获得更好的总体性能)。这一阶段的程序的简要说明如下。

(1)算法选择。无论您是选择一个算法还是多个算法,根据可用的数据选择算法和考虑每种算法的优点都是至关重要的。因为许多数据科学家错误地选择了神经网络来解决任何数据问题;而实际上,较简单的问题可以使用更简单的模型来解决,这些模型运行得更快,在较小的数据集中表现得更好。

(2)模型训练。这个过程包括使用训练集数据训练模型。这就意味着,该算法使用特征数据(X)和类标签(Y)来确定关系模式,这些关系模式将有助于推广到不可见的数据,并预测类标签在什么时候是不可用的。

(3)模型评估。这个过程是通过选择研究的指标衡量算法性能来处理的。正如前面提到的,选择最能代表研究目的的度量标准是很重要的,因为相同的模型有可能在一个度量标准方面表现得很好,而在另一个度量标准方面表现得很差。在验证集上对模型进行评估时,超参数进行了微调,以获得尽可能好的性能。一旦超参数被调优,就会对测试集进行评估,以度量模型在不可见数据上的总体性能。

(4)模型比较和选择。当基于不同算法创建多个模型时,将会进行模型比较,以选择一个性能优于其他算法的模型。这种比较应该通过对所有模型使用相同的度量标准来完成。

3. 交互

构建一个全面的机器学习程序的最后阶段是允许用户最终可以轻松地与模型进行交互,这包括将模型保存到文件的过程、调用保存模型的文件,以及开发用户可以与模型交互的通道,如图6.1所示。

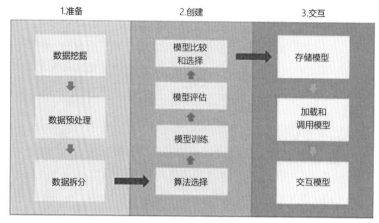

图 6.1　构建机器学习程序的阶段

（1）存储模型。这一过程是在机器学习程序的开发过程中引入的，因为这对于不改变模型的使用来进行未来预测至关重要。存储模型的过程是十分重要的，因为大多数算法在每次运行时都是随机初始化的，这就会使得每次运行的结果不同。存储模型的过程将在本章后面进一步解释。

（2）加载和调用模型。模型一旦被存储到文件中，就可以通过将文件加载到代码中来访问它。然后将模型存储在一个变量中，该变量可用于对不可见数据进行预测。这个过程也将在本章后面解释。

（3）交互模型。最后，使用存储的模型开发一种交互且简单的方法来进行预测是至关重要的，特别是在许多情况下，模型由技术团队创建，但却供其他团队使用。这意味着一个理想的程序应该允许非专业人员通过输入所需的信息来使用模型进行预测。这一观点将在本章的后面加以扩展。

考虑到前面几章已经讨论了前面的所有步骤，本章的其余部分将集中讨论构建模型的最后阶段。

6.1.2　了解数据集

为了了解如何实现交互部分中的流程，将构建一个程序。该程序能够预测一个人是否有兴趣在银行使用特定的产品，这将帮助银行确定其推广的目标。用于构建此程序的数据集可在UC Irvine机器学习存储库中获得，其名称为Bank Marketing Dataset。

> **注意：**
>
> 如欲下载此数据集，请浏览以下链接：http://archive.ics.uci.edu/ml/datasets/Bank+Marketing。

找到资料库后，请按以下步骤下载数据集。

（1）单击Data Folder链接。

（2）下载bank文件夹。

（3）打开.zip文件夹并提取bank-full.csv文件。

要查看数据集，请遵循以下步骤。

（1）打开Jupyter Notebook，加载数据集进行查看。

```
data = pd.read_csv(" ../datasets/ bank-full.csv " )
```


这个文件显示了单个列中一个样本的所有特征的值，因为read_csv()函数使用逗号作为列的分隔符，如图6.2所示。

	age;"job";"marital";"education";"default";"balance";"housing";"loan";"contact";"day";"month";"duration";"campaign";"pdays";"previous";"poutcome";"y"
0	58;"management";"married";"tertiary";"no";2143...
1	44;"technician";"single";"secondary";"no";29;"...
2	33;"entrepreneur";"married";"secondary";"no";2...
3	47;"blue-collar";"married";"unknown";"no";1506...
4	33;"unknown";"single";"unknown";"no";1;"no";"n...

图 6.2　在将数据分成列之前 .csv 文件中的数据截图

（2）要解决此问题，请使用分号作为分隔符，代码如下：

```
data = pd.read_csv("../datasets/bank-full.csv", delimiter = ";")
```

完成此步骤后，文件应如图6.3所示。

	age	job	marital	education	default	balance	housing	loan	contact	day	month	duration	campaign	pdays	previous	poutcome	y
0	58	management	married	tertiary	no	2143	yes	no	unknown	5	may	261	1	-1	0	unknown	no
1	44	technician	single	secondary	no	29	yes	no	unknown	5	may	151	1	-1	0	unknown	no
2	33	entrepreneur	married	secondary	no	2	yes	yes	unknown	5	may	76	1	-1	0	unknown	no
3	47	blue-collar	married	unknown	no	1506	yes	no	unknown	5	may	92	1	-1	0	unknown	no
4	33	unknown	single	unknown	no	1	no	no	unknown	5	may	198	1	-1	0	unknown	no

图 6.3　在将数据分成列之后 .csv 文件中的数据截图

如图6.3所示，该文件包含未知值，这些值应该作为缺失值处理。

（3）使用NumPy替换未知的NaN字符串。代码如下：

```
import numpy as np
data[data == "unknown"] = np.nan
```

最后，将编辑后的数据集保存在一个新的.csv文件中，以便它可以用于本章的所有活动。可以使用to_csv()函数来实现这一点。代码如下：

```
data.to_csv("../datasets/bank-full-dataset.csv")
```

该文件应该共包含45211个样本，每个样本有16个特征和一个类标签。类标签是二进制的，类型为yes或no，并指示客户端是否订阅了银行的定期存款。

每个实例代表银行的一个客户，这些特征捕获人口统计信息，以及关于当前（和以前）促销活动期间与客户联系的数据。

图6.4显示了所有16个特征的简要描述。这将有助于确定每一项特征与研究的相关性，并将提供一些数据预处理步骤的概念。

名　称	类　型	描　述
age	Quantitative (continuous)	The age of the individual.
job	Qualitative (nominal)	The type of job the individual currently has. For instance: "blue-collar".
marital	Qualitative (nominal)	The marital status of the individual.
education	Qualitative (ordinal)	The highest education level achieved by the individual.
default	Qualitative (nominal - binary)	Whether the individual has credit by default.
balance	Quantitative (continuous)	Average yearly balance of the individual in euros.
housing	Qualitative (nominal - binary)	Whether the individual has any housing loan.
loan	Qualitative (nominal - binary)	Whether the individual has any personal loan.
contact	Qualitative (nominal)	The mode of communication used to contact the individual for the current campaign.
day	Quantitative (discrete)	The day of the month when the individual was last contacted for the current campaign.
month	Qualitative (nominal)	The month of the year when the individual was last contacted for the current campaign.
duration	Quantitative (continuous)	The duration, in seconds, of the last contact with the individual for the current campaign.
campaign	Quantitative (continuous)	The number of times the individual was contacted during the promotion campaign.
pdays	Quantitative (continuous)	The number of days that passed by after the individual was contacted for a previous campaign. The value -1 means that the client was not contacted for a previous campaign.
previous	Quantitative (continuous)	The number of times the individual was contacted for previous campaigns.
poutcome	Qualitative (nominal)	The outcome obtained from the previous campaign.

图6.4　描述数据集特征的表

利用数据集探测过程中获得的信息,可以对数据进行预处理,并对模型进行训练,这将是以下活动的目的。

6.1.3　活动16:执行银行营销数据集的准备和创建阶段

这个活动的目的是执行准备和创建阶段的过程,以构建一个全面的机器学习问题。

让我们考虑以下场景:您在所在城镇的银行工作,营销团队决定提前了解客户是否可能认购定期存款,以便集中精力锁定这些客户。为此,营销团队已经向您提供了一个数据集,其中包含团队当前和以前进行的营销活动的详细信息(将使用您以前下载和研究的银行营销数据集)。您的领导要求您对数据集进行预处理,并将两个模型进行比较,以便您可以选择最佳模型。请按照以下步骤完成。

(1)打开Jupyter Notebook并导入pandas。

(2)将数据集加载到Jupyter Notebook中。确保您加载了之前编辑过的名为bank-full-dataset .csv的文件。

(3)考虑到本研究的目的是检测可能认购定期存款的客户,请选择最适合度量模型性能的指标。

(4)对数据集进行预处理。

注意,其中一个定性特征是序号,这就是为什么必须将其转换为遵循顺序的数字形式的原因。请使用以下代码。

```
data["education"] = data["education"].fillna["unknown"]
encoder = ["unknown", "primary", "secondary", "tertiary"]

for i, word in enumerate(encoder):
```

```
data["education"] = data["education"].str.replace(word,str(i))
data["education"] = data["education"].astype("int64")
```

（5）将特征从类标签中分离出来，并将数据集分成三组（训练集、验证集和测试集）。

（6）使用决策树和多层感知器算法来应用于数据集并训练模型。

> **注意：**
>
> 您还可以尝试使用本书中讨论的其他分类算法。然而，这两个是主要的选择，以便您比较不同的训练时间。

（7）使用前面选择的度量标准来评估这两个模型。

（8）通过执行误差分析，微调一些超参数，以修复在评估模型时检测到的问题。

（9）比较模型的最终版本，并选择您认为最适合数据的版本。

> **注意：**
>
> 不要使用random_state值来训练模型。这主要是因为在随后的活动中，将多次运行所选模型，来查看通过不同的初始化实现的不同结果。
>
> 有关此活动的解决方案可以在附录中找到。

6.2　存储并加载一个经过训练的模型

尽管操作数据集和训练正确的模型的过程对于开发机器学习项目是至关重要的，但是工作还没有结束。了解如何存储训练过的模型是关键，因为这将使您存储最终模型的不同变量使用的超参数和初始化值，以便在再次运行时不会更改。此外，在将模型存储到文件之后，还需要知道如何加载存储的模型，以便利用它对新数据进行预测。通过存储和加载模型，我们允许模型在任何时候通过不同的方法被重用。

6.2.1　存储模型

存储模型的过程也称为序列化，由于神经网络的普及，每次训练模型时都要随机初始化许多变量，同时由于引入了更大、更复杂的数据集，使训练过程持续几天、几周，甚至几个月，因此存储模型的过程变得越来越重要。

考虑到这一点，通过将结果标准化到模型的存储版本，存储模型的过程将有助于优化机器学习解决方案的使用。它还节省了时间，因为它允许您直接将存储的模型应用于新数据，而不需要重新训练。

存储训练过的模型主要有两种方法，其中一种将在本章中解释。pickle模块是Python中序列化对象的标准方法，它是通过实现一个强大的算法来工作的，该算法序列化模型，然后将其保存为.pkl文件。

> **注意：**
> 另一个可用于存储训练过的模型的模块是joblib，它是SciPy生态系统的一部分。

但是，要考虑到只有当模型用于未来的项目或未来的预测时才会存储它们。当开发一个机器学习项目来理解当前的数据时，不需要存储它，因为分析将在模型训练之后进行。

6.2.2　练习19：存储经过训练的模型

在接下来的练习中，将使用之前下载的生育数据集。对训练数据进行神经网络训练，然后保存。

请按照以下步骤完成这项工作。

（1）打开Jupyter Notebook并导入pandas。

```
import pandas as pd
```

（2）加载生育数据集并将数据拆分为特征矩阵X和目标矩阵Y。使用header = None参数，因为数据集没有标题行。

```
data = pd.read_csv("datasets/fertility_Diagnosis.csv", header=None)

X = data.iloc[:,:9]
Y = data.iloc[:,9]
```

（3）在数据上训练一个多层感知器分类器。将迭代次数设置为1200，以避免出现提示默认迭代次数不足以达到收敛的警告。

```
from sklearn.neural_network import MLPClassifier
model = MLPClassifier(max_iter = 1200)
model.fit(X,Y)
```

（4）导入pickle和os模块。代码如下：

```
import pickle
import os
```

如前所述，第1个模块（pickle）将用于存储经过训练的模型。os模块用于定位Jupyter Notebook的当前路径，以便将模型存储在相同的位置。

（5）序列化模型并将其存储在名为model_practise .pkl的文件中。请使用以下代码：

```
path = os.getcwd() + "/model_exercise.pkl"
file = open(path, "wb")
pickle.dump(model, file)
```

在上述代码片段中，path变量包含将存储序列化模型的文件的路径，其中第1个元素定义路径，第2个元素定义要存储的文件的名称。file变量用于创建一个文件，该文件将保存在所需的路径中，并将文件模式设置为wb，即write和binary（这是必须写入序列化模型的方式）。最后，在pickle模块上应用dump()方法。它接收先前创建的模型，并对其进行序列化，然后将其存储到创建的文件中。

恭喜您!您已经成功地存储了一个经过训练的模型。

6.2.3 加载模型

加载模型的过程也称为**反序列化**，它包括获取之前保存的文件，反序列化文件，然后将其加载到代码或终端，以便可以对新数据使用该模型。pickle模块还用于加载模型。

值得一提的是，该模型不需要加载在它被训练和保存的同一个代码文件中。相反，它可以加载在其他任何文件中。这主要是因为pickle库的load()方法将在一个变量中返回模型，该变量用于应用预测方法。

加载模型时，重要的是不仅要像以前那样导入pickle和os模块，还要导入用于训练模型的算法类。例如，要加载一个神经网络模型，需要在neural_network模块下导入MLPClassifier类。

6.2.4 练习20：加载存储的模型

在接下来的练习中，将使用一个不同的Jupyter Notebook，加载之前训练过的模型并进行预测。

（1）打开Jupyter Notebook来实现这个练习。

（2）导入pickle和os模块。然后导入MLPClassifier类。

```
import pickle
import os
from sklearn.neural_network import MLPClassifier
```

（3）使用pickle模块加载存储的模型，代码如下：

```
path = os.getcwd() + "/model_exercise.pkl"
file = open(path, "rb")
model = pickle.load(file)
```

这里，path变量还用于存储文件模型的路径。接下来，file变量使用rb文件模式打开文件，rb文件模式代表read和binary。最后，在pickle模块上应用load()方法对模型进行反序列化，并将模型加载到模型变量中。

（4）使用加载的模型对个体进行预测，特征值为–0.33,0.67,1,1,0,0,0.8,–1,0.5。

将预测方法应用于模型变量得到的输出存储到一个名为pred的变量中。

```
pred = model.predict([[-0.33,0.67,1,1,0,0,0.8,-1,0.5]])
```

通过打印pred变量，得到预测值为0，这意味着个体的诊断发生了变化。

恭喜您!您已经成功地加载了一个存储的模型。

6.2.5 活动17：存储并加载银行营销数据集的最终模型

考虑以下场景：您的领导对您目前为止所做的工作非常满意，并希望您能将模型存储，以便将来可以使用它，而不需要重新训练模型，也不存在每次都得到不同结果的风险。为此，您需要存储并加载在活动16中创建的模型。

> **注意：**
> 下面的活动将分为两部分。第1部分是存储模型的过程，将使用之前活动中相同的Jupyter Notebook进行保存。第2部分是加载存储的模型，这将使用一个不同的Jupyter Notebook。

请按照以下步骤完成这项活动。

（1）打开Jupyter Notebook与预处理银行营销数据集加载和模型训练。

（2）为了便于学习，将您选择的模型作为最佳模型，并运行几次。

> **注意：**
> 检查是否使用random_state参数，以便每次都能得到不同的结果。

确保在每次运行模型时都运行准确率度量的计算，以查看每次运行所获得的性能差异。当您认为您的模型具有良好的性能时，可以随时停止，而不是从以前的运行中得到的所有结果。

（3）将模型存储在名为final_model.pkl的文件中。

> **注意：**
> 请确保您使用os模块将模型存储在与当前Jupyter Notebook相同的路径中。这样，您将能够在存储模型之后在文件夹中找到一个新文件。

（4）打开一个新的Jupyter Notebook，导入所需的模块和类。

（5）加载模型。

（6）使用以下值对个体执行预测：42,2,0,0,1,2,1,0,5,8,380,1,−1,0。

> **注意：**
> 有关此活动的解决方案可以在附录中找到。

无论选择哪种模型，样本个体的预测值都应该为0（No）。

6.3 与经过训练的模型交互

一旦创建并存储了模型，就到了构建一个全面的机器学习程序的最后一步：与模型交互。这一步不但要求模型的可重用性，而且还允许您仅使用输入数据执行分类，从而为机器学习解决方案的实现带来了效率。

有多种与模型交互的方法，选择哪种方法取决于用户的性质（定期使用模型的个人）。机器学习项目可以通过不同的方式访问，其中一些需要使用API、在线或离线程序或网站。

此外，一旦定义了基于用户的偏好或专业知识的通道，联系最终用户和模型之间的代码是很重要的，这可能是加载一个函数或一个反序列化的类模型，然后执行分类，最后，再次返回一个输出显示给用户。

图6.5显示了通道和模型之间建立的关系，其中第1个图像表示模型，第2个图像是执行连接的函数或类（中间体），最后一个图像是通道。在这里，正如前面所解释的，通道将输入数据提供给中间体，然后中间体将信息提供给模型以执行分类。分类的输出返回给中间体，中间体沿着通道传递，以便显示。

模型　　　　　　中间体　　　　　　通道

图 6.5　用户和模型之间交互的说明

6.3.1 练习 21：创建一个类和一个通道来与经过训练的模型交互

在下面的练习中，我们将在文本编辑器中创建一个类，它可以接收输入数据并将其提

6

建立自己的程序

141

供给模型。此外，我们将在Jupyter Notebook中创建一个表单，用户可以在其中输入数据并获得预测。

要在文本编辑器中创建类，请遵循以下步骤。

（1）打开首选项的文本编辑器。

（2）导入pandas、pickle和os，以及多层感知器分类器类。

```
import pandas as pd
import pickle
import os
from sklearn.neural_network import MLPClassifier
```

（3）创建一个类对象并将其命名为NN_Model。

```
Class NN_Model(object):
```

（4）在类内部，创建一个初始化器方法，将包含存储模型的文件model_exercise .pkl加载到代码中。

```
def __init__(self):
path = os.getcwd() + "/model_exercise.pkl"
file = open(path, "rb")
self.model = pickle.load(file)
```

> **注意：**
> 请记得缩进类对象中的方法。

一般来说，类对象中的所有方法都必须有参数self。另外，当使用self语句定义模型的变量时，可以在相同类的任何其他方法中使用该变量。

（5）创建一个包含所有特征作为参数的predict()方法，将特征值作为参数输入其中，这样就可以将特征值输入模型中。

```
def predict(self, season, age, childish, trauma, surgical, fevers,
alcohol, smoking, sitting):
X = [[season, age, childish, trauma, surgical, fevers, alcohol,
```

```
smoking, sitting]]
    return self.model.predict(X)
```

（6）将代码保存为Python文件（.py）并将其命名为exerciseClass.py。该文件的名称将用于在以下步骤中将该类装入Jupyter Notebook中。

现在编写程序的前端解决方案，其中包括创建一个表单，用户可以在其中输入数据并获得预测。

（1）打开Jupyter Notebook，编写机器学习程序的前端解决方案。

（2）导入之前创建的模型类，请使用以下代码。

```
from exerciseClass import NN_Model
```

（3）初始化模型并将其存储在一个名为model的变量中。

```
model = NN_Model()
```

（4）创建一组变量，用户可以在其中输入每个特征的值，然后将这些值提供给模型。使用以下值：

```
a = 1           # 分析的季节
b = 0.56        # 分析时的年龄
c = 1           # 儿童病
d = 1           # 意外或严重创伤
e = 1           # 外科手术
f = 0           # 去年高烧
g = 1           # 饮酒频率
h = -1          # 吸烟
i = 0.63        # 每天坐的时间
```

（5）利用预测方法对模型变量进行预测。将特征值作为参数输入，必须以与在文本编辑器中创建predict()函数相同的方式命名它们。

```
pred = model.predict(season=a,age=b, childish=c,trauma=d,surgical=e,
fevers=f, alcohol=g, smoking=h, sitting=i)
```

143

恭喜您!您已经成功地创建了一个与模型交互的函数和通道。

6.3.2　活动18：允许与银行营销数据集模型交互

考虑以下场景：在看到您提供的结果之后，您的领导要求您构建一个更加简单的方法，以方便他可以用下个月收到的数据来测试模型。如果所有的测试结果都很好，他会要求您以一种更有效的方式启动程序。因此，您将和您的领导共享一个Jupyter Notebook，他可以输入信息并得到预测。

> **注意：**
>
> 以下活动将分两部分展开。第1部分涉及构建连接通道和模型的类，并使用文本编辑器进行开发。第2部分涉及创建通道，并将在Jupyter Notebook上完成。

按照以下步骤完成这项活动。

(1)在文本编辑器中，创建一个包含两个主要方法的类对象。一个是加载模型的初始化器，另一个是预测方法，其中数据被提供给模型以检索输出。

(2)在Jupyter Notebook中，导入并初始化在最后一步中创建的类。接下来，创建保存特征值的变量，并使用以下值：42,2,0,0,1,2,1,0,5,8,380,1,–1,0。

(3)应用predict()方法进行预测。

> **注意：**
>
> 有关此活动的解决方案可以在附录中找到。

对于样本个体的预测应该等于0，这是No的数值形式。

6.4　小结

本章总结了基于训练数据的机器学习模型所需的所有概念和技术。在本章中介绍了构建一个全面的机器学习程序的思想，不仅有数据集的准备工作中涉及的各个阶段和创造理想的模式，也有可供将来使用的相关阶段模型，这是通过执行三个主要过程：存储模型，以及加载模型，以及创建一个通道让用户轻松地与模型交互并得到结果。在这方面还介绍了pickle模块。

此外，为了使用户能够访问模型，需要根据与模型交互的用户类型选择理想的通道（如API、应用程序、网站或表单）。然后，需要编写一个中间体，它可以将通道与模型连接起来。这种中间体通常以函数或类的形式存在。

本书的主要目的是介绍scikit-learn库，其作为一种以更简单的方式使用于机器学习的方法。在讨论了数据挖掘和数据预处理的重要性以及不同的技术之后，本书将这些知识分为机器学习的两个主要领域：监督学习和无监督学习。本书还讨论了每种方法中使用的各种算法。最后，在本书中解释了通过执行误差分析来度量模型性能的重要性，以提高模型对不可见数据的整体性能，并最终选择最能代表数据的模型。存储最终模型，以便将来使用它进行可视化或执行预测。

6

建立自己的程序

附 录

关于

　　这一部分旨在帮助您实际操作本书中的训练。它包含了您为完成和实现本书中的活动与练习而要执行的详细步骤。

第1章：scikit-learn 简介

活动1：选择目标特征并创建一个目标矩阵

（1）使用seaborn库加载titanic数据集。首先，导入seaborn库；其次，使用load_dataset ("titanic")函数加载数据集。

```
import seaborn as sns
titanic=sns.load_dataset("titanic")
titanic.head(10)
```

接下来输出前10个实例，如图1所示。

	survived	pclass	sex	age	sibsp	parch	fare	embarked	class	who	adult_male	deck	embark_town	alive	alone
0	0	3	male	22.0	1	0	7.2500	S	Third	man	True	NaN	Southampton	no	False
1	1	1	female	38.0	1	0	71.2833	C	First	woman	False	C	Cherbourg	yes	False
2	1	3	female	26.0	0	0	7.9250	S	Third	woman	False	NaN	Southampton	yes	True
3	1	1	female	35.0	1	0	53.1000	S	First	woman	False	C	Southampton	yes	False
4	0	3	male	35.0	0	0	8.0500	S	Third	man	True	NaN	Southampton	no	True
5	0	3	male	NaN	0	0	8.4583	Q	Third	man	True	NaN	Queenstown	no	True
6	0	1	male	54.0	0	0	51.8625	S	First	man	True	E	Southampton	no	True
7	0	3	male	2.0	3	1	21.0750	S	Third	child	False	NaN	Southampton	no	False
8	1	3	female	27.0	0	2	11.1333	S	Third	woman	False	NaN	Southampton	yes	False
9	1	2	female	14.0	1	0	30.0708	C	Second	child	False	NaN	Cherbourg	yes	False

图 1 显示 titanic 数据集的前 10 项

（2）优先选择的特征并不是survived 或是alive，主要是因为它们都象征着一个人是否从车祸中存活，也就是说，它们代表相同的意义。针对下面步骤选择的变量是survived，然而，如果选择alive也不会对最终的结果矩阵造成影响。

（3）使用drop()创建一个变量X来存储特征。如前所述，所选择的目标特征为survived。

创建一个变量Y来存储目标矩阵。使用索引只可以访问survived那一列中的值。

```
X=titanic.drop['survived',axis=1]
Y=titanic['survived']
```

（4）打印输出变量规模大小如下：

```
X.shape
(891, 14)
```

对变量Y进行同样的操作：

```
Y.shape
(891,)
```

活动2：预处理整个数据集

（1）加载数据集，创建特征矩阵和目标矩阵。

```
import seaborn as sns
titanic = sns.load_dataset('titanic')
X = titanic[['sex','age','fare','class','embark_town','alone']]
Y = titanic['survived']
X.shape
(891, 6)
```

（2）检查所有特征中的缺失值。

正如之前所做的，使用isnull()来确定是否缺失了一个值，并使用sum()来总结每个特征中缺失值的情况。

```
print("Sex: " + str(X['sex'].isnull().sum()))
print("Age: " + str(X['age'].isnull().sum()))
print("Fare: " + str(X['fare'].isnull().sum()))
print("Class: " + str(X['class'].isnull().sum()))
print("Embark town: " + str(X['embark_town'].isnull().sum()))
print("Alone: " + str(X['alone'].isnull().sum()))
```

输出结果如下：

```
Sex: 0
Age: 177
```

```
Fare: 0
Class: 0
Embark town: 2
Alone: 0
```

从图2中可以看到，只有两个特征缺失值:age和embark_town。

（3）由于age有很多缺失值，几乎占总数的20%，所以这些值应该被替换。我们采用平均插补法。代码如下:

```
# Age: missing values
mean = X['age'].mean()
mean = mean.round()
X['age'].fillna(mean,inplace = True)
```

```
/home/hyatt/Desktop/VirtualEnvs/explore_data/lib/python3.5/site-packages/pandas/core/generic.py:5430: Sett
ingWithCopyWarning:
A value is trying to be set on a copy of a slice from a DataFrame

See the caveats in the documentation: http://pandas.pydata.org/pandas-docs/stable/indexing.html#indexing-v
iew-versus-copy
  self._update_inplace(new_data)
```

图2　显示上述代码输出的屏幕截图

在计算平均值之后，使用fillna()函数将缺失值替换为平均值。

> **注意:**
> 在数据DateFrame的一个片段上替换值时，可能会出现图2中的警告。这是因为变量X是作为整个DataFrame titanic的一部分创建的。由于X是当前活动中重要的变量，所以只替换一部分值而不替换整个DataFrame是完全可行的。

（4）考虑到embark_town中缺失值的数量较低，将这些实例从特征矩阵中消除。

> **注意:**
> 要从embark_town的特征中消除缺失值，需要从矩阵中消除整个实例。

```
# Embark_town: missing values
X = X[X['embark_town'].notnull()]
```

```
X.shape
(889, 6)
```

notnull()函数的作用是检测对象上所有未缺失的值。在本实例中，函数用于从embark_town特征中获取所有未缺失的值。然后，索引用于从整个矩阵（X）中检索这些值。

（5）发现特征数值中的异常值。使用三个标准差作为度量标准来计算数值特征的最小阈值和最大阈值。利用所学的公式，计算出最小阈值和最大阈值，并与特征的最小值和最大值进行比较。

```
feature = "age"
print("Min threshold: " + str(X[feature].mean() - (3 * X[feature].
std()))," Min val: " + str(X[feature].min()))
print("Max threshold: " + str(X[feature].mean() + (3 * X[feature].
std()))," Max val: " + str(X[feature].max()))
```

上述代码的结果如下：

```
Min threshold: -9.194052030619016   Min val: 0.42
Max threshold: 68.62075619259876    Max val: 80.0
```

使用以下代码计算fare特征的最小阈值和最大阈值。

```
feature = "fare"
print("Min threshold: " + str(X[feature].mean() - (3 * X[feature].
std()))," Min val: " + str(X[feature].min()))
print("Max threshold: " + str(X[feature].mean() + (3 * X[feature].
std()))," Max val: " + str(X[feature].max()))
```

上述代码的结果如下：

```
Min threshold: -116.99583207273355   Min val: 0.0
Max threshold: 181.1891938275142    Max val: 512.3292
```

正如从图2中看到的，这两个特征都位于较低的范围内，但却超出了最大值的范围。

（6）age和fare特征的异常值分别为7和20。这两个值都不代表总数很高的百分比，这就是从特征矩阵中剔除了异常值的原因。下面的代码可以用来消除异常值并打印出结果矩阵的形状。

```
# Age: outliers
max_age = X["age"].mean() + (3 * X["age"].std())
X = X[X["age"] <= max_age]
X.shape
(882, 6)

# Fare: outliers
max_fare = X["fare"].mean() + (3 * X["fare"].std())
X = X[X["fare"] <= max_fare]
X.shape
(862, 6)
```

（7）发现文本特征中存在的离群值。value_counts()函数用于统计每个特征中的类的离散值。

```
feature = "alone"
X[feature].value_counts()
True      522
False     340

feature = "class"
X[feature].value_counts()
Third     489
First     190
Second    183

feature = "alone"
X[feature].value_counts()
True      522
False     340
feature = "embark_town"
X[feature].value_counts()
```

Southampton	632
Cherbourg	154
Queenstown	76

任何特征的类都不被认为是异常值，因为它们都代表了整个数据集的5%以上。

(8) 通过使用scikit-learn的LabelEncoder类，将所有文本特征转换为它们的数字表示形式。代码如下：

```
from sklearn.preprocessing import LabelEncoder
enc = LabelEncoder()
X["sex"] = enc.fit_transform(X['sex'].astype('str'))
X["class"] = enc.fit_transform(X['class'].astype('str'))
X["embark_town"] = enc.fit_transform(X['embark_town'].astype('str'))
X["alone"] = enc.fit_transform(X['alone'].astype('str'))
```

(9) 打印出特征矩阵的前5个实例，转换结果如图3所示。

```
x.head()
```

	sex	age	fare	class	embark_town	alone
0	1	22.0	7.2500	2	2	0
1	0	38.0	71.2833	0	0	0
2	0	26.0	7.9250	2	2	1
3	0	35.0	53.1000	0	2	0
4	1	35.0	8.0500	2	2	1

图 3　显示特征矩阵前 5 个实例的屏幕截图

(10) 将矩阵规范化。

从下面的代码中可以看到，规范化公式只适用于需要规范化的特征。由于归一化对0和1之间的值进行重新排序，所以已经满足该条件的所有特征都不需要归一化。

```
X["age"] = (X["age"] - X["age"].min())/(X["age"].max()-X["age"].min())
X["fare"] = (X["fare"] - X["fare"].min())/(X["fare"].
```

```
max()-X["fare"]. min())
    X["class"] = (X["class"] - X["class"].min())/(X["class"].max()-
X["class"]. min())
    X["embark_town"] = (X["embark_town"] - X["embark_town"].min())/
(X["embark_ town"].max()-X["embark_town"].min())
    X.head(10)
```

最终输出的前10行如图4所示。

	sex	age	fare	class	embark_town	alone
0	1	0.329064	0.043975	1.0	1.0	0
1	0	0.573041	0.432369	0.0	0.0	0
2	0	0.390058	0.048069	1.0	1.0	1
3	0	0.527295	0.322078	0.0	1.0	0
4	1	0.527295	0.048827	1.0	1.0	1
5	1	0.451052	0.051304	1.0	0.5	1
6	1	0.817017	0.314572	0.0	1.0	1
7	1	0.024093	0.127831	1.0	1.0	0
8	0	0.405306	0.067529	1.0	1.0	0
9	0	0.207075	0.182395	0.5	0.0	0

图 4 显示规范化数据集的前 10 个实例的屏幕截图

第 2 章：无监督学习：Real-Life 应用

活动 3：使用数据可视化来辅助预处理过程

（1）使用pandas函数read_csv()加载以前下载的数据集。将数据集存储在一个被命名为data的pandas数据文件中。

```
import pandas as pd
import matplotlib.pyplot as plt
import numpy as np
```

```
np.random.seed(0)
```

首先，导入所需的库。然后，将数据集路径提供给pandas函数read_csv()。

```
data = pd.read_csv("datasets/wholesale_customers_data.csv")
```

（2）检查DataFrame中缺失的值。使用isnull()函数加上sum()函数，可以立即计算整个数据集的缺失值。

```
data.isnull().sum()
```

从图5中可以发现该数据集中没有缺失值。

```
Channel              0
Region               0
Fresh                0
Milk                 0
Grocery              0
Frozen               0
Detergents_Paper     0
Delicassen           0
dtype: int64
```

图 5 显示 DataFrame 中缺失值数量的屏幕截图

（3）检查数据文件中的异常值。使用在第1章中学到的技术，将那些偏离平均值的三个标准差以外的值标记为异常。下面的代码允许您一次性在整个特征集中查找异常值。另一种有效的方法是，一次只检查一个特征的异常值。

```
outliers = {}
for i in range(data.shape[1]):
    min_t = data[data.columns[i]].mean() - (3 * data[data.columns[i]].
std())
    max_t = data[data.columns[i]].mean() + (3 * data[data.columns[i]].
std())
    count = 0
    for j in data[data.columns[i]]:
        if j < min_t or j > max_t:
            count += 1
    outliers[data.columns[i]] = [count,data.shape[0]-count]
```

```
print(outliers)
```

每个特征的异常值的计数如图6所示。

{'Detergents_Paper': [10, 430], 'Grocery': [7, 433], 'Frozen': [6, 434], 'Milk': [9, 431], 'Fresh': [7, 43
3], 'Region': [0, 440], 'Channel': [0, 440], 'Delicassen': [4, 436]}

图6 显示上述代码输出的屏幕截图

正如从图6中所看到的，一些特征确实有异常值。考虑到每个特征只有几个异常值，有两种可能的方法来处理它们。

首先，可以决定删除异常值。可以通过显示带有异常值的特征的直方图（见图7）来辅助实现。

```
plt.hist(data["Fresh"])
plt.show()
```

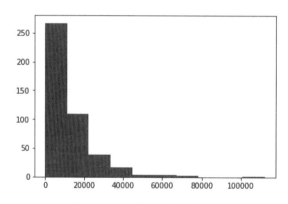

图7　Fresh 特征的直方图实例

例如，对于名为Fresh的特征，从图7中可以看出，大多数实例的值都小于40000。因此，删除该值的实例不会影响模型的性能。

其次，让异常值保持原样。因为它们不代表数据集的大部分内容，而数据集可以通过使用饼图的数据可视化工具来支持。请参阅以下代码，输出结果如图8所示。

```
plt.figure(figsize=(8,8))
plt.pie(outliers["Detergents_Paper"],autopct="%.2f")
plt.show()
```

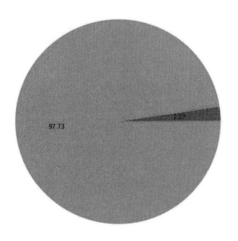

图 8 一个饼图显示了 Detergents_Paper 数据集特征的异常值的情况

图8显示了来自Detergents_Paper数据集特征的异常值的情况，该特征是数据集中异常值最多的特征。但是只有2.27%的值是异常值，占比非常低，所以不会影响模型的性能。

（4）重新规划数据。对于这个解决方案，我们使用了规范化公式。注意，该公式可以一次性应用于整个数据集，而不是单独应用于每个特征。

```
data_standardized = (data - data.mean())/data.std()
data_standardized.head()
```

输出结果如图9所示。

	Channel	Region	Fresh	Milk	Grocery	Frozen	Detergents_Paper	Delicassen
0	1.447005	0.589997	0.052873	0.522972	-0.041068	-0.588697	-0.043519	-0.066264
1	1.447005	0.589997	-0.390857	0.543839	0.170125	-0.269829	0.086309	0.089050
2	1.447005	0.589997	-0.446521	0.408073	-0.028125	-0.137379	0.133080	2.240742
3	-0.689512	0.589997	0.099998	-0.623310	-0.392530	0.686363	-0.498021	0.093305
4	1.447005	0.589997	0.839284	-0.052337	-0.079266	0.173661	-0.231654	1.297870

图 9 显示规范化数据集的前 5 个实例的表

活动4：将k-means算法应用于数据集

（1）打开活动3中使用的JupyterNotebook。在这里，您应该导入所有必需的库，并将数据集存储在名为data的变量中。代码如下：

```
data_standardized = (data - data.mean())/data.std()
data_standardized.head()
```

输出结果如图10所示。

	Channel	Region	Fresh	Milk	Grocery	Frozen	Detergents_Paper	Delicassen
0	1.447005	0.589997	0.052873	0.522972	-0.041068	-0.588697	-0.043519	-0.066264
1	1.447005	0.589997	-0.390857	0.543839	0.170125	-0.269829	0.086309	0.089050
2	1.447005	0.589997	-0.446521	0.408073	-0.028125	-0.137379	0.133080	2.240742
3	-0.689512	0.589997	0.099998	-0.623310	-0.392530	0.686363	-0.498021	0.093305
4	1.447005	0.589997	0.839284	-0.052337	-0.079266	0.173661	-0.231654	1.297870

图 10 显示标准化数据集的前 5 个实例的屏幕截图

（2）计算数据点到质心的平均距离与集群数量的关系。根据这个距离，选择合适的集群数量来训练模型。

首先，导入算法类。

```
from sklearn.cluster import Kmeans
```

其次，根据创建的集群数量计算数据点与质心之间的平均距离。

```
ideal_k = []
for i in range(1,21):
    est_kmeans = KMeans(n_clusters=i)
    est_kmeans.fit(data_standardized)

    ideal_k.append([i,est_kmeans.inertia_])
ideal_k = np.array(ideal_k)
```

最后，绘制关系图，找到该线条的断点，并选择集群数量。

```
plt.plot(ideal_k[:,0],ideal_k[:,1])
plt.show()
```

输出结果如图11所示。

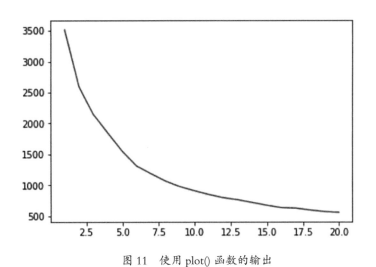

图 11　使用 plot() 函数的输出

（3）训练模型并为数据集中的每个数据点分配一个集群，最后打印结果。

要训练模型，请使用以下代码。

```
est_kmeans = KMeans(n_clusters=6)
est_kmeans.fit(data_standardized)
pred_kmeans = est_kmeans.predict(data_standardized)
```

本实例设置的集群数量为6。但是，由于没有确切的断点，设置为5和10之间的值也是可以的。

最后，绘制聚类过程的结果。由于数据集包含8个不同的特征，每次选择两个特征同时绘制。代码如下：

```
plt.subplots(1, 2, sharex='col', sharey='row', figsize=(16,8))
plt.scatter(data.iloc[:,5], data.iloc[:,3], c=pred_kmeans, s=20)
plt.xlim([0, 20000])
plt.ylim([0,20000])
plt.xlabel('Frozen')
plt.subplot(1, 2, 1)
plt.scatter(data.iloc[:,4], data.iloc[:,3], c=pred_kmeans, s=20)
plt.xlim([0, 20000])
plt.ylim([0,20000])
plt.xlabel('Grocery')
```

```
plt.ylabel('Milk')
plt.show()
```

输出结果的样例图如图12所示。

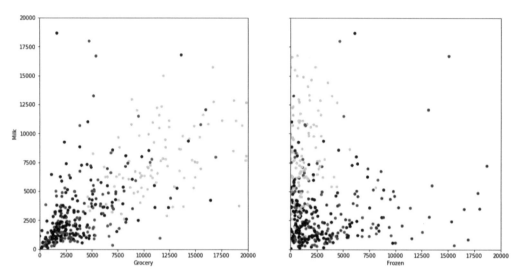

图 12　聚类后得到的两张样例图

Matplotlib中的subplots()函数可以用于一次绘制两个散点图。

从图12中可以看出，由于只能使用数据集中呈现的8个特征中的两个，所以没有明显的视觉关系。然而，模型的最终输出创建了6个不同的集群，表示客户端的6个不同配置文件。

活动5：将mean-shift算法应用于数据集

（1）打开活动4中使用的Jupyter Notebook。

（2）训练模型为数据集中的每个数据点分配一个集群，最后打印结果。

首先，不要忘记导入算法类。

```
from sklearn.cluster import MeanShift
```

其次，要训练模型，请使用以下代码：

```
est_meanshift = MeanShift(0.4)
est_meanshift.fit(data_standardized)
pred_meanshift = est_meanshift.predict(data_standardized)
```

该模型使用0.4的带宽对模型进行训练。不过，我们也可以随意测试其他值，观察结果如何变化。

最后，绘制聚类过程的结果。由于数据集包含8个不同的特征，因此选择两个同时绘制的特征。代码如下：

```
plt.subplots(1, 2, sharex='col', sharey='row', figsize=(16,8))
plt.scatter(data.iloc[:,5], data.iloc[:,3], c=pred_meanshift, s=20)
plt.xlim([0, 20000])
plt.ylim([0,20000])
plt.xlabel('Frozen')
plt.subplot(1, 2, 1)
plt.scatter(data.iloc[:,4], data.iloc[:,3], c=pred_meanshift, s=20)
plt.xlim([0, 20000])
plt.ylim([0,20000])
plt.xlabel('Grocery')
plt.ylabel('Milk')
plt.show()
```

输出结果的样例图如图13所示。

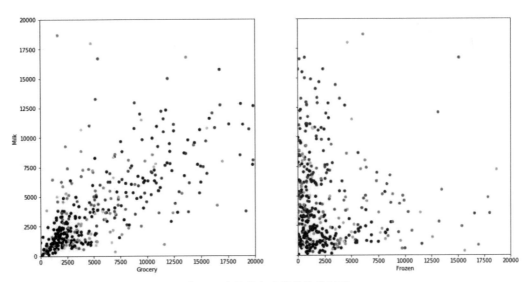

图 13　流程结束时获得的样例图

与之前的活动类似，集群之间的分离并没有直观地显示出来，因为它只能从8个特征中提取两个特征。

活动6：将DBSCAN算法应用于数据集

（1）打开活动5中使用的Jupyter Notebook。

（2）训练模型并为数据集中的每个数据点分配一个集群，最后打印结果。

首先，不要忘记导入算法类。

```
from sklearn.cluster import DBSCAN
```

其次，要训练模型，请使用以下代码：

```
est_dbscan = DBSCAN(eps=0.8)
pred_dbscan = est_dbscan.fit_predict(data_standardized)
```

使用值为0.8的epsilon对模型进行训练。不过，我们也可以随意测试其他值，观察结果如何变化。

最后，绘制聚类过程的结果。由于数据集包含8个不同的特征，因此选择两个同时绘制的特征，代码如下：

```
plt.subplots(1, 2, sharex='col', sharey='row', figsize=(16,8))
plt.scatter(data.iloc[:,5], data.iloc[:,3], c=pred_dbscan, s=20)
plt.xlim([0, 20000])
plt.ylim([0,20000])
plt.xlabel('Frozen')
plt.subplot(1, 2, 1)
plt.scatter(data.iloc[:,4], data.iloc[:,3], c=pred_dbscan, s=20)
plt.xlim([0, 20000])
plt.ylim([0,20000])
plt.xlabel('Grocery')
plt.ylabel('Milk')
plt.show()
```

输出结果的样例图如图14所示。

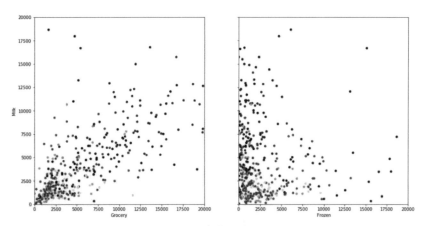

图 14　聚类过程结束时获得的样例图

与前面的活动类似，由于一次只能从8个特征中提取两个特征，因此无法直观地看到集群之间的分离。

活动7：测量和比较算法的性能

（1）打开活动6中使用的Jupyter Notebook。

（2）计算以前训练过的所有模型的Silhouette Coefficient分数和Calinski-Harabasz指数。首先，不要忘记导入评估指标。

```
from sklearn.metrics import silhouette_score
from sklearn.metrics import silhouette_score
```

其次，计算所有算法的Silhouette Coefficient分数得分。代码如下：

```
kmeans_score = silhouette_score(data_standardized, pred_kmeans,
metric='euclidean')
    meanshift_score = silhouette_score(data_standardized, pred_
meanshift, metric='euclidean')
    dbscan_score = silhouette_score(data_standardized, pred_dbscan,
metric='euclidean')
    print(kmeans_score, meanshift_score, dbscan_score)
```

k-means、mean-shift和DBSCAN算法的得分分别约为0.355、0.093和0.168。

最后，计算所有算法的Calinski-Harabasz指数。代码如下：

```
    kmeans_score = calinski_harabaz_score(data_standardized,
pred_kmeans)
    meanshift_score = calinski_harabaz_score(data_standardized, pred_
meanshift)
    dbscan_score = calinski_harabaz_score(data_standardized,
pred_dbscan)
    print(kmeans_score, meanshift_score, dbscan_score)
```

按照上述代码的顺序，k-means、mean-shift和DBSCAN算法的得分分别约为139.8、112.9和42.45。

通过快速查看这两个指标的结果，可以得出结论，k-means算法的性能优于其他算法的性能，因此应该选择k-means算法来解决数据问题。

第3章：有监督学习：关键步骤

活动8：对手写数字数据集的数据拆分

（1）使用scikit-learn的datasets包导入digits toy数据集，并创建包含特征矩阵和目标矩阵的pandas数据流。代码如下：

```
from sklearn.datasets import load_digits
digits = load_digits()

import pandas as pd
X = pd.DataFrame(digits.data)
Y = pd.DataFrame(digits.target)
```

该数据流的特征矩阵和目标矩阵的形状分别如下。

```
(1797,64) (1797,1)
```

（2）选择适当的方法来拆分数据集。

① 按照传统拆分比例（60%、20%、20%）

使用train_test_split()函数，将数据拆分为初始训练集和测试集。

```
from sklearn.model_selection import train_test_split

X_new, X_test, Y_new, Y_test = train_test_split(X, Y, test_size=0.2)
```

创建的集合形状应该如下：

```
(1437,64) (360,64) (1437,1) (360,1)
```

接下来，计算test_size的值，它将验证集的大小设置为前面创建的测试集的大小。

```
dev_size = 360/1437
```

操作的结果是0.2505。

最后，将X_new和Y_new拆分为最后的训练集和验证集。代码如下：

```
X_train, X_dev, Y_train, Y_dev = train_test_split(X_new, Y_new,
test_size = 0.25)
```

所有集合的最终形状如下：

```
X_train = (1077,64)
X_dev = (360,64)
X_test = (360,64)
Y_train = (1077,1)
Y_dev = (360,1)
Y_test = (360,1)
```

② 交叉验证方法

使用train_test_split()函数，将数据拆分为初始训练集和测试集。代码如下：

```
from sklearn.model_selection import train_test_split

X_new_2, X_test_2, Y_new_2, Y_test_2 = train_test_split(X, Y, test_
size=0.1)
```

使用KFold类，执行10倍拆分：

```
from sklearn.model_selection import KFold

kf = Kfold(n_splits = 10)
splits = kf.split(X_new_2)
```

请记住，交叉验证执行不同的数据拆分配置，所以每次都对数据进行"洗牌"操作。考虑到这一点，需要执行一个for循环，以执行所有的数据拆分配置。

```
for train_index, dev_index in splits:
    X_train_2, X_dev_2 = X_new_2.iloc[train_index], X_new_2.iloc[dev_index]

    Y_train_2, Y_dev_2 = Y_new_2.iloc[train_index], Y_new_2.iloc[dev_index]
```

负责训练和评估模型的代码应该位于for循环体中，以便训练和评估具有每个拆分配置的模型。

最终的结果如下：

```
X_train_2 = (1456,64)
X_dev_2 = (161,64)
X_test_2 = (180,64)
Y_train_2 = (1456,1)
Y_dev_2 = (161,1)
Y_test_2 = (180,1)
```

活动9：评估在手写数据集上训练的模型的性能

（1）使用scikit-learn的datasets包导入boston数据集，并创建包含特征矩阵和目标矩阵的pandas DataFrame。

```
from sklearn.datasets import load_digits
data = load_digits()

import pandas as pd
X = pd.DataFrame(data.data)
Y = pd.DataFrame(data.target)
```

（2）将数据拆分为训练集和测试集。使用20%作为测试集的大小。

```
from sklearn.model_selection import train_test_split
X_train, X_test, Y_train, Y_test = train_test_split(X,Y, test_size =
0.1, random_state = 0)
```

（3）使用该模型预测测试集上的类标签（**提示**：训练决策树，请重温练习12）。

```
from sklearn import tree
model = tree.DecisionTreeClassifier(random_state = 0)
model = model.fit(X_train, Y_train)

Y_pred = model.predict(X_test)
```

（4）使用scikit-learn构建一个混淆矩阵。

```
from sklearn.metrics import confusion_matrix
confusion_matrix = confusion_matrix (Y_test, Y_pred)
```

得出矩阵如图15所示。

```
array([[24,  0,  0,  0,  0,  0,  1,  0,  0,  2],
       [ 0, 31,  0,  2,  1,  0,  1,  0,  0,  0],
       [ 1,  0, 29,  0,  0,  0,  2,  2,  1,  1],
       [ 0,  0,  2, 27,  0,  0,  0,  0,  0,  0],
       [ 1,  1,  0,  0, 26,  0,  1,  1,  0,  0],
       [ 0,  1,  1,  0,  0, 34,  0,  0,  1,  3],
       [ 1,  1,  1,  1,  1,  0, 39,  0,  0,  0],
       [ 0,  0,  0,  0,  0,  1,  1, 37,  0,  0],
       [ 1,  3,  3,  5,  0,  1,  0,  1, 24,  1],
       [ 0,  0,  1,  4,  0,  1,  0,  0,  1, 34]]])
```

图15 活动9的混淆矩阵的输出

（5）计算模型准确率。

```
from sklearn.metrics import accuracy_score
accuracy_score = accuracy_score(Y_test, Y_pred)
```

其准确率为84.72%。

（6）计算准确率和召回率。考虑到准确率和召回率都只能通过二进制数据计算，这里假设只对将实例分类为6或任意其他数字感兴趣。

```
Y_test_2 = Y_test[:]
Y_test_2[Y_test_2 != 6] = 1
Y_test_2[Y_test_2 == 6] = 0

Y_pred_2 = Y_pred
Y_pred_2[Y_pred_2 != 6] = 1
Y_pred_2[Y_pred_2 == 6] = 0

From sklearn.metrics import precision_score, recall_score
precision = precision_score(Y_test_2, Y_pred_2)
recall = recall_score(Y_test_2, Y_pred_2)
```

得出准确率为98.41%，召回率为98.10%。

活动10：对经过训练的识别手写数字的模型执行错误分析

（1）使用scikit-learn的datasets包导入digits数据集，并创建包含特征矩阵和目标矩阵的Pandas DataFrame。

```
from sklearn.datasets import load_digits
data = load_digits()

import pandas as pd
X = pd.DataFrame(data.data)
Y = pd.DataFrame(data.target)
```

（2）将数据拆分为训练集、验证集和测试集。使用0.1作为测试集的大小，用相同的数字（0.1）构建相同形状的验证集。

```
from sklearn.model_selection import train_test_split

X_new, X_test, Y_new, Y_test = train_test_split(X, Y, test_size =
0.1, random_state = 101)
```

```
X_train, X_dev, Y_train, Y_dev = train_test_split(X_new, Y_new,
test_size = 0.11, random_state = 101)
```

（3）为特征和目标值创建一个训练集和一个验证集。

```
import numpy as np
np.random.seed(101)

indices_train = np.random.randint(0, len(X_train), 89)
indices_dev = np.random.randint(0, len(X_dev), 89)

X_train_dev = pd.concat([X_train.iloc[indices_train,:], X_dev.
iloc[indices_dev,:]])

Y_train_dev = pd.concat([Y_train.iloc[indices_train,:], Y_dev.
iloc[indices_dev,:]])
```

（4）在训练集数据上训练决策树。

```
from sklearn import tree
model = tree.DecisionTreeClassifier(random_state = 101)
model = model.fit(X_train, Y_train)
```

（5）计算所有数据集的错误率，确定影响模型性能的条件。

```
from sklearn.metrics import accuracy_score
X_sets = [X_train, X_train_dev, X_dev, X_test]
Y_sets = [Y_train, Y_train_dev, Y_dev, Y_test]

scores = []
for i in range(0, len(X_sets)):
    pred = model.predict(X_sets[i])
    score = accuracy_score(Y_sets[i], pred)
    scores.append(score)
```

错误率如图16所示。

集	错误率
贝叶斯错误/人为错误	0
训练集错误	0
训练—验证集错误	0.0562
验证集错误	0.1180
测试集错误	0.1167

图 16 手写数字模型的错误率

从上述错误结果可以看出，模型同样受到方差和数据不匹配的影响。

第4章：监督学习算法：预测年收入

活动11：为人口收入普查数据集训练朴素贝叶斯模型

在进行操作之前，请确保已对数据进行预处理。代码如下：

```
import pandas as pd
data = pd.read_csv("datasets/census_income_dataset.csv")
data = data.drop(["fnlwgt","education","relationship","sex","race"],
axis=1)
```

在读取数据集之后，被认为与研究无关的变量将被删除。

接下来，剩下的变量将通过以下代码转换为数值形式。

```
from sklearn.preprocessing import LabelEncoder
enc = LabelEncoder()

features_to_convert =
["workclass","marital-status","occupation","native-country","target"]

for i in features_to_convert:
        data[i] = enc.fit_transform(data[i].astype('str'))
```

上述步骤完成后，可以开始以下步骤。

（1）使用预处理的人口收入普查数据集，通过创建变量X和变量Y将特征与目标分离。

```
X = data.drop("target", axis=1)
Y = data["target"]
```

请注意，有多种方法可以实现X和Y的分离，使用您认为最方便的方法即可。但是，要考虑到X应该包含所有实例的特征，而Y应该包含所有实例的类标签。

（2）使用10%的拆分比例将数据集划分为训练集、验证集和测试集。

```
from sklearn.model_selection import train_test_split

X_new, X_test, Y_new, Y_test = train_test_split(X, Y, test_size=0.1,
random_state=101)

X_train, X_dev, Y_train, Y_dev = train_test_split(X_new, Y_new,
test_ size=0.12, random_state=101)
```

所有集合的最终大小应该如以下代码所示。

```
X_train = (26048, 9)
Y_train = (26048, )
X_dev = (3256, 9)
Y_dev = (3256, )
X_test = (3257, 9)
Y_test = (3257, )
```

（3）导入高斯朴素贝叶斯类，然后使用fit()方法在训练集（X_train和Y_train）上训练模型。

```
from sklearn.naive_bayes import GaussianNB

model_NB = GaussianNB()
model_NB.fit(X_train,Y_train)
```

（4）使用之前为新实例训练的模型执行预测。每个特征的值如下：39,6,13,4,0,2174,0,40,38。

附录

使用下面的代码，对个人的预测应该等于0，这意味着个人最有可能拥有低于或等于50000美元的收入。

```
pred_1 = model_NB.predict([[39,6,13,4,0,2174,0,40,38]])
print(pred_1)
```

活动12：为人口收入普查数据集训练决策树模型

之前创建的子集的形状应如下：

```
X_train = (26048, 11)
Y_train = (26048, 1)
X_dev = (3256, 11)
Y_dev = (3256, 1)
X_test = (3257, 11)
Y_test = (3257, 1)
```

（1）使用之前拆分为不同子集的预处理人口收入普查数据集，导入DecisionTreeClassifier类，然后使用fit()方法在训练集（X_train和Y_train）上训练模型。

```
from sklearn.tree import DecisionTreeClassifier

model_tree = DecisionTreeClassifier()
model_tree.fit(X_train,Y_train)
```

（2）使用之前训练的模型对一个新实例执行预测。每个特征的值如下：39,6,13,4,0,2174,0,40,38。

使用下面的代码，对个人的预测应该等于0，这意味着个人最有可能拥有低于或等于50000美元的收入。

```
pred_2 = model_tree.predict([[39,6,13,4,0,2174,0,40,38]])
print(pred_2)
```

活动13：为人口收入普查数据集训练支持向量机模型

之前创建的子集的形状应如下：

```
X_train = (26048, 11)
Y_train = (26048, 1)
X_dev = (3256, 11)
Y_dev = (3256, 1)
X_test = (3257, 11)
Y_test = (3257, 1)
```

（1）使用之前拆分为不同子集的预处理人口收入普查数据集，导入SVC类，然后使用fit()方法在训练集（X_train和Y_train）上训练模型。

```
from sklearn.svm import SVC

model_svm = SVC()
model_svm.fit(X_train,Y_train)
```

（2）使用之前训练的模型对一个新实例执行预测。每个特征的值如下：39,6,13,4,0, 2174,0,40,38。

使用下面的代码，对个人的预测应该等于0，这意味着个人最有可能拥有低于或等于50000美元的收入。

```
pred_3 = model_svm.predict([[39,6,13,4,0,2174,0,40,38]])
print(pred_3)
```

第5章：人工神经网络：预测年收入

活动14：为人口收入普查数据集训练多层感知器
（1）使用预处理的人口收入普查数据集，将特征与目标分离，创建变量X和变量Y。

```
X = data.drop("target", axis=1)
Y = data["target"]
```

如前所述，有多种方法可以实现X和Y的分离，需要考虑的主要问题是X应该包含所有实例的特征，而Y应该包含所有实例的类标签。

（2）使用10%的拆分比例将数据集拆分为训练集、验证集和测试集。

```
from sklearn.model_selection import train_test_split
X_new, X_test, Y_new, Y_test = train_test_split(X, Y, test_size=0.1,
random_state=101)
X_train, X_dev, Y_train, Y_dev = train_test_split(X_new, Y_new,
test_ size=0.1111, random_state=101)
```

所创建的集合的形状应该如下：

```
X_train = (26048, 9)
X_dev = (3256, 9)
X_test = (3257, 9)
Y_train = (26048, )
Y_dev = (3256, )
Y_test = (3257, 1)
```

（3）从neural_network模块中导入多层感知器分类器类。初始化它并在训练数据上训练模型。将超参数保留为它们的默认值。同样，使用random_state = 101：

```
from sklearn.neural_network import MLPClassifier
model = MLPClassifier(random_state=101)
model = model.fit(X_train, Y_train)
```

（4）使用超参数的默认值训练模型后，处理可能出现的一些警告。

如果在网络的训练过程中没有提出任何警告，这意味着该模型能够使用超参数的默认值实现收敛。但是，请记住，这并不意味着我们实现了最佳模型，一些超参数值的更改可能会使模型的性能更好。

为三个集合（训练集、验证集和测试集）计算模型的准确率。

```
from sklearn.metrics import accuracy_score

X_sets = [X_train, X_dev, X_test]
Y_sets = [Y_train, Y_dev, Y_test]
```

```
accuracy = []

for i in range(0,len(X_sets)):

    pred = model.predict(X_sets[i])
    score = accuracy_score(Y_sets[i], pred)
    accuracy.append(score)
```

三个集合的准确率评分如下：

训练集 = 0.8342

验证集 = 0.8111

测试集 = 0.8252

活动15：比较不同模型以选择最适合人口收入普查数据问题的方法

（1）打开用来训练模型的Jupyter Notebook。

（2）仅根据4个模型的准确率评分对其进行比较。

通过对第4章模型的准确率评分，可以进行最后的比较，选择更能解决数据问题的模型。为此，图17显示了所有4个模型的准确率得分。

	朴素贝叶斯	决策树	支持向量机	多层感知器
训练集	0.7970	0.9723	0.9119	0.8508
验证集	0.7905	0.8120	0.8015	0.8289
测试集	0.8084	0.8228	0.8148	0.8504

图 17　人口收入普查数据集的 4 个模型的准确率得分

要确定性能最佳的模型，首先要比较各个训练集的准确率。由此可以得出结论，决策树模型更适合数据问题。尽管如此，验证集和测试集的性能低于使用多层感知器所获得的性能，这表明决策树模型中存在较大的方差。

因此，一种很好的方法是通过简化模型和添加一个剪枝参数来解决决策树模型的高方差。例如，剪枝参数"修剪"树的叶子来简化它，忽略树的一些细节，以便将模型泛化到数据集中。理想情况下，该模型应该能够对所有三个集合达到类似的准确率水平，这将使它成为解决数据问题的最佳模型。

但是，如果模型不能克服这种差异，并且假设所有的模型都经过了微调，以达到可能的最高性能，那么多层感知器应该是所选择的最佳模型，这主要是因为模型对测试集的性能是根据其对不可见数据的总体性能来定义的，这意味着测试集性能较高的模型从长远来看将更有用。

第6章：建立自己的程序

活动16：执行银行营销数据集的准备和创建阶段

在本活动中，使用random_state = 100。

（1）打开一个Jupyter Notebook来执行这个活动，并导入pandas。

```
import pandas as pd
```

（2）将之前下载的数据集加载到Jupyter Notebook中。

```
data = pd.read_csv("../datasets/bank-full.csv")
```

使用语句data.head(10)可以看到数据集的前10行，如图18所示。

	age	job	marital	education	default	balance	housing	loan	contact	day	month	duration	campaign	pdays	previous	poutcome	y
0	58	management	married	tertiary	no	2143	yes	no	NaN	5	may	261	1	-1	0	NaN	no
1	44	technician	single	secondary	no	29	yes	no	NaN	5	may	151	1	-1	0	NaN	no
2	33	entrepreneur	married	secondary	no	2	yes	yes	NaN	5	may	76	1	-1	0	NaN	no
3	47	blue-collar	married	NaN	no	1506	yes	no	NaN	5	may	92	1	-1	0	NaN	no
4	33	NaN	single	NaN	no	1	no	no	NaN	5	may	198	1	-1	0	NaN	no
5	35	management	married	tertiary	no	231	yes	no	NaN	5	may	139	1	-1	0	NaN	no
6	28	management	single	tertiary	no	447	yes	yes	NaN	5	may	217	1	-1	0	NaN	no
7	42	entrepreneur	divorced	tertiary	yes	2	yes	no	NaN	5	may	380	1	-1	0	NaN	no
8	58	retired	married	primary	no	121	yes	no	NaN	5	may	50	1	-1	0	NaN	no
9	43	technician	single	secondary	no	593	yes	no	NaN	5	may	55	1	-1	0	NaN	no

图18 显示数据集的前10个实例的屏幕截图

缺失值显示为NaN，如前所述。

（3）考虑到本研究的目的是预测愿意认购定期存款的客户，请选择最适合度量该模型性能的指标。

评估该模型性能的度量标准是准确率，因为它可以将正确分类的标签与预测为正的实例总数进行比较。

(4) 对数据集进行预处理。

① 处理缺失值

使用以下代码检查缺失值。

```
data.isnull().sum()
```

观察结果，您将发现只有4个特征包含缺失值：job（288）、education（1857）、contact（13020）和poutcome（36959）。

考虑到缺失值在整个数据中所占的比例不到5%，可以不处理前两个特征。另外，contact特征中有28.8%的值缺失，并考虑到该特征是指接触方式，这与确定一个人是否会认购新产品无关，因此从研究中删除这一特征是合理的。最后，poutcome特征值丢失了81.7%，这也是该特征从研究中被删除的原因。

使用以下代码，可以删除前两个特征。

```
data = data.drop(["contact", "poutcome"], axis=1)
```

② 将分类特征转换为数字形式

对于所有标准功能，请使用以下代码：

```
from sklearn.preprocessing import LabelEncoder
  enc = LabelEncoder()

features_to_convert = ["job", "marital", "default", "housing", "loan",
"month", "y"]

for i in features_to_convert:
    data[i] = enc.fit_transform(data[i].astype("str"))
```

如前几章所解释的，上述代码将所有定性特征转换为它们的数值形式。

接下来，为了处理序号特征，需使用以下代码：

```
data["education"] = data["education"].fillna["unknown"]
encoder = ["unknown", "primary", "secondary", "tertiary"]
```

```
for i, word in enumerate(encoder):
    data["education"] = data["education"].str.replace(word,str(i))
    data["education"] = data["education"].astype("int64")
```

在这里，第1行将NaN值转换为单词unknown，第2行设置特征中值的顺序。接下来，使用for循环顺序替换后面的数字的每个单词。对于前面的实例，将使用0替换单词unknown，然后使用1代替primary，以此类推。最后，由于replace()函数将数字作为字符串写入，因此整个列被转换为整数类型。

③ 处理异常值

使用以下代码检查异常值：

```
outliers = []

for i in range(data.shape[1]):
    min_t = data[data.columns[i]].mean() - (3 * data[data.columns[i]].std())
    max_t = data[data.columns[i]].mean() + (3 * data[data.columns[i]].std())
    count = 0
    for j in data[data.columns[i]]:
        if j < min_t or j > max_t:
            count += 1

    outliers[data.columns[i]] = [count, data.shape[0]-count]
```

通过分析上述代码的结果，您将发现异常值在每个特征中所占的比例不超过5%，这就是可以不处理它们的原因。

(5)将特征从类标签中分离出来，并将数据集分成三组（训练集、验证集和测试集）。

若要将特征值与目标值分开，请使用以下代码：

```
X = data.drop("y", axis = 1)
Y = data["y"]
```

接下来，以60%、20%、20%的形式执行拆分，请使用以下代码：

```
from sklearn.model_selection import train_test_split
X_new, X_test, Y_new, Y_test = train_test_split(X, Y, test_size =
```

```
0.2, random_state = 0)
    X_train, X_dev, Y_train, Y_dev = train_test_split(X_new, Y_new,
test_size = 0.25, random_state = 0)
```

每组的大小如下：

```
    X_train = (27126, 14)
    Y_train = (27126, )
    X_dev = (9042, 14)
    Y_dev = (9042, )
    X_test = (9043, 14)
    Y_test = (9043, )
```

（6）利用决策树算法和多层感知器算法对数据集进行应用，并对模型进行训练。
通过使用以下代码，可以对两种算法进行训练。

```
from sklearn.tree import DecisionTreeClassifier
model_tree = DecisionTreeClassifier(random_state = 101)
model_tree.fit(X_train, Y_train)

from sklearn.neural_network import MLPClassifier
model_NN = MLPClassifier(random_state = 101)
model_NN.fit(X_train, Y_train)
```

（7）使用前面选择的度量标准来评估这两个模型。
使用下面的代码，可以计算决策树模型的准确率分数。

```
from sklearn.metrics import precision_score
X_sets = [X_train, X_dev, X_test]
Y_sets = [Y_train, Y_dev, Y_test]

precision = []

for i in range(0, len(X_sets)):
    pred = model_tree.predict(X_sets[i])
```

A

附
录

179

```
score = precision_score(Y_sets[i], pred)
precision.append(score)
```

可以通过修改代码来计算多层感知器的得分。

代码的结果如图19所示。

	决策树	多层感知器
训练集	1.00	0.60
验证集	0.43	0.56
测试集	0.43	0.53

图 19 两个模型的准确率得分

（8）通过执行错误分析，对一些超参数进行微调，以修复在评估模型时发现的问题。

虽然决策树在训练集上的准确率是不错的，但将其与其他两组结果进行比较，可以得出其模型方差较大的结论。

另外，多层感知器在所有三个集合上都有类似的性能，但是整体性能较低，这意味着模型更有可能遭受高偏差带来的影响。

考虑到这一点，对于决策树模型，我们为了简化模型，改变了叶节点所需的最小样本数和树的最大深度。另外，对于多层感知器，迭代次数、隐藏层数、每层单元数量以及优化偏差都发生了变化。

下面的代码显示了每个超参数的最终值，要得到它们，我们需要尝试不同的值。

```
from sklearn.tree import DecisionTreeClassifier
model_tree = DecisionTreeClassifier(random_stat = 101, min_samples_
leaf = 100, max_depth = 100)
model_tree.fit(X_train, Y_train)


from sklearn.neural_network import MLPClassifier
model_NN = MLPClassifier(random_state = 101, max_iter = 1000, hidden_
layer_ sizes = [100,100,50,25,25], tol=1e-7)
model_NN.fit(X_train, Y_train)
```

（9）比较模型的最终版本，并选择您认为最适合数据的版本。

通过计算新训练模型的三组准确率得分，得到的值如图20所示。

	决策树	多层感知器
训练集	0.61	0.64
验证集	0.57	0.60
测试集	0.54	0.59

图20　新训练模型的准确率得分

两个模型的性能都得到了改善，通过比较这些值，可以得出多层感知器的性能优于决策树的性能的结论。基于此，我们选择多层感知器作为较好的模型来解决数据问题。

活动17：存储并加载银行营销数据集的最终模型

（1）将模型存储到一个名为final_model.pkl的文件中。

```
path = os.getcwd() + "/final_model.pkl"
file = open(path, "wb")
pickle.dump(model_NN, file)
```

（2）打开一个新的Jupyter Notebook，导入所需的模块和类。

```
from sklearn.neural_network import MLPClassifier
import pickle
import os
```

（3）加载模型。

```
path = os.getcwd() + "/final_model.pkl"
file = open(path, "rb")
model = pickle.load(file)
```

（4）使用以下值对个人执行预测：42,2,0,0,1,2,1,0,5,8,380,1,−1,0。

```
pred = model.predict([[42,2,0,0,1,2,1,0,5,8,380,1,-1,0]])
```

通过打印pred变量，我们发现输出为0，这是No的数字形式。这意味着一个人很有可能不认购新产品。

活动18：允许与银行营销数据集模型交互

（1）在文本编辑器中，创建一个包含两个主函数的类对象：一个是加载模型的初始化器；另一个是预测方法，其中数据被提供给模型以检索输出。

```
import pandas as pd
import pickle
import os
from sklearn.neural_network import MLPClassifier

Class NN_Model(object):

  def __init__(self):
      path = os.getcwd() + "/model_exercise.pkl"
      file = open(path, "rb")
      self.model = pickle.load(file)

    def predict(self, age, job, marital, education, default, balance,
housing, loan, day, month, duration, campaign, pdays, previous):
      X = [[age, job, marital, education, default, balance, housing,
loan, day, month, duration, campaign, pdays, previous]]
      return self.model.predict(X)
```

（2）在Jupyter Notebook中，导入并初始化在最后一步中创建的类。接下来，创建保存特征值的变量，使用以下值：42,2,0,0,1,2,1,0,5,8,380,1,-1,0。

```
from trainedModel import NN_Model

model = NN_Model()

age = 42
job = 2
marital = 0
education = 0
default = 1
```

```
balance = 2

housing = 1

loan = 0

day = 5

month = 8

duration = 380

campaign = 1

pdays = -1

previous = 0
```

（3）使用预测方法进行预测。

```
pred = model.predict(age=age, job=job, marital=marital,education=educ
ation, default=default, balance=balance, housing=housing,loan=loan,da
y=day, month=month, duration=duration, campaign=campaign,pdays=pdays,p
revious=previous)
```

通过打印变量，预测结果为0。也就是说，具有定性特征的一个人不太可能认购该产品。

A